H. DE GRAFFIGNY
Ingénieur électricien

Tout le Monde Électricien

Aspects de l'électricité. — L'électricité à la ville et à la campagne. — Stations électriques particulières. — Installation et pose de la lumière électrique, des réseaux de sonnettes et des téléphones à l'intérieur des appartements. — Applications domestiques du courant électrique.

AVEC 100 ILLUSTRATIONS

PARIS
Pratic-Bibliothèque
ALBERT MÉRICANT, ÉDITEUR
1, RUE DU PONT-DE-LODI, 1

SOMMAIRE DU COURANT ELECTRIQUE

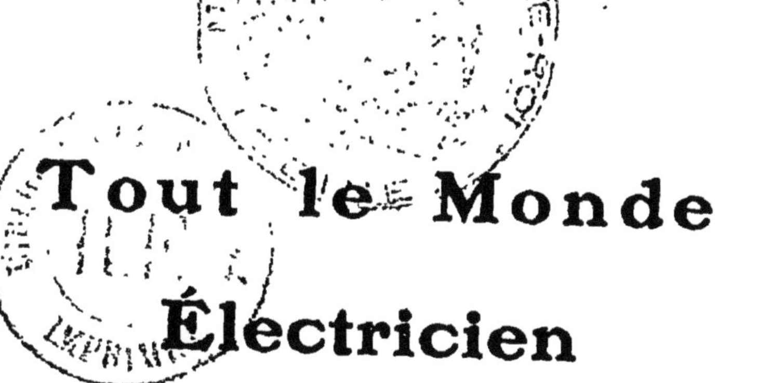

Tout le Monde Électricien

OUVRAGES DU MÊME AUTEUR

SUR L'ÉLECTRICITÉ

L'Ingénieur Electricien, 1 vol. in-18 avec 100 fig. (13e édition). Broché, 4 fr., cartonné. 4 50

L'Electricité pour tous, 1 vol. in-8, avec 275 fig. Relié. 4 50

Petite Encyclopédie Electro-mécanique en douze volumes in-16 avec de nombreuses figures explicatives. Nouvelle édition en préparation. Le volume broché.... 1 50

Manuel pratique de l'Ouvrier Electricien, 1 vol. in-16 avec 325 fig. 3e édition entièrement refondue et mise au courant. Cartonné. 6 50

Album de plans de pose d'éclairage électrique. Album de schémas. . . . . 3 »

Album de plans de pose pour les Téléphones. Br. in-16, Cartonné. . . . . 3 »

Guide pratique du téléphoniste et du télégraphiste (3e édition). 1 vol. in-8°. 2 50

L'Electricité dans l'Automobile, 1 vol. in-16, avec 60 fig. Broché. . . . . 3 »

L'Electricité de Haute Fréquence, broché in-18 de 120 p. 1 25

Construction pratique des bobines d'induction de Ruhmkorff, Broché in-18, 180 pages. 1 50

Le Jeune Electricien amateur (Collection-Guyot), 1 vol. in-32. . . . . 0 30

L'Electricien moderne (Collection-Guyot). 0 30

Cent expériences électriques (Collection-Guyot). . . . 0 30

Le petit Constructeur électricien, 1 vol. illustré. Broché. 3 50

TOUT LE MONDE ÉLECTRICIEN

Usages domestiques de l'Électricité

Comment on obtient le courant électrique à la ville et à la campagne

CHAPITRE PREMIER

Sous quels aspects nous connaissons l'Électricité.

L'ÉLECTRICITÉ DANS LA NATURE

L'électricité qui circule dans les fils d'une canalisation et qui se manifeste à nos sens sous forme de lumière, de mouvement, de chaleur, etc., ne diffère de l'électricité libre, qui est perpétuellement en action dans l'univers, que par sa pression, laquelle est beaucoup moindre, mais, au fond, c'est identiquement la même chose. L'électricité naturelle, dont on connaît les redoutables manifestations pendant les orages, ne diffère de l'électricité produite par les machines, que par la quantité d'énergie qui se trouve mise en jeu et l'ampleur des effets auxquels elle donne lieu. Son essence intime nous demeure encore inconnue, bien que des hypothèses fort ingénieuses aient été mises en avant pour essayer d'expliquer les phénomènes d'une manière rationnelle, mais la science progresse chaque jour, et bientôt le rideau sera entièrement déchiré et le mystère dévoilé.

Il résulte, des diverses recherches entreprises par les savants de tous les pays relativement à l'état de l'électricité à la surface du globe, que, dans l'état normal la terre se trouve chargée d'électricité *négative*, tandis que l'atmosphère est *positive*. A la surface du sol, où s'opèrent des échanges continuels, l'état est neutre, et on peut comparer ce niveau, au point *zéro* du thermomètre, d'où partent deux graduations en sens inverse. A mesure que l'on s'élève dans l'atmosphère, la tension de l'électricité s'accroît progressivement, et il en est de même si l'on s'enfonce dans les entrailles de la terre. Dans les deux sens, à mesure que l'on s'éloigne du niveau du sol, de la ligne neutre, la tension augmente, mais en sens contraire. De même qu'autour du zéro du thermomètre, on a les degrés + et —, pour l'électricité on a les charges positives et négatives.

L'évaporation considérable qui s'opère à la surface des océans dans les régions équatoriales, charge d'électricité positive les nuages qui transportés par les courants supérieurs, vont vers les régions polaires où ils influencent le sol qui se charge d'électricité négative en donnant naissance au phénomène connu sous le nom d'*aurore boréale*, ainsi qu'aux courants *telluriques* déterminant le magnétisme terrestre dont l'aiguille aimantée de la boussole démontre l'existence et enfin, lorsque les circonstances météorologiques s'y prêtent et telles que : température élevée, dépression barométrique, etc.

Orages. — On sait que les nuages ne sont que le résultat de la condensation partielle de la vapeur d'eau en suspension dans l'air. Puisqu'ils sont chargés d'électricité positive, la tension de cette électricité peut s'accroître d'autant plus que l'air ambiant est sec et chaud, mais cette tension n'est pas également répartie dans toute la masse vaporeuse, dont la densité n'est d'ailleurs pas partout la même. Les nuages dont le *potentiel* (degré d'électrisation) est le plus élevé réagissent sur les autres en y développant, — en y *induisant* suivant le terme exact, — de l'électricité de signe contraire au leur. La même influence s'exerce sur le sol et on a en présence des charges d'électricité à des potentiels différents, que le moindre changement dans l'état extérieur tend à annuler pour rétablir l'équilibre. Mais ce retour à l'équilibre ne peut se produire que par une décharge allant du point où le potentiel est plus élevé à celui où il l'est moins. Cette décharge s'opère sous l'aspect d'un trait de feu éblouissant, dont le trajet est plus ou moins étendu et sinueux suivant les résistances opposées à sa propagation. Ce trait de feu, dont la durée est très courte — à peine quelques millièmes de seconde, — est l'*éclair* ou *foudre ;* il est accompagné d'un bruit caractéristique, de durée variable suivant les circonstances atmosphériques et le relief du sol, et appelé *tonnerre*. Inutile, pensons-nous de rappeler que ce fracas, quelquefois terrifiant, qui caractérise un orage, ne ne présente cependant aucun danger. Seul, l'éclair, la décharge disruptive entre les nuages et le sol, peut causer des accidents, et c'est contre lui qu'il convient de se protéger.

Paratonnerre. — Dans le but d'obliger les charges des nuées de s'écouler dans la terre qui constitue le électriques des nuées de s'écouler dans la terre qui constitue le réservoir commun, le savant américain Franklin avait imaginé d'élever sur les édifices des tiges de fer aiguës, en communication par un conducteur métallique avec le sous-sol humide, ces tiges offrant un chemin aisé à la décharge. Mais l'expérience n'a pas tardé à montrer la médiocre efficacité de ces tiges isolées, et un physicien belge, Melsens, a formulé les lois rationnelles auxquelles doivent obéir les paratonnerres pour ne pas devenir plus dangereux qu'utiles. En raison de l'instantanéité du phénomène appelé *coup de foudre* ou *décharge disruptive*, il faut offrir à l'énergie qui se dissipe, un chemin d'écoulement suffisant. Les paratonnerres seront donc composés de tiges courtes mais nombreuses, verticales ou obliques, couronnant le faîte de l'édifice à protéger, et réunies, d'abord les unes aux autres, puis à la charpente métallique, aux conduites d'eau et au sol. On obtient ainsi une espèce de cage métallique, à l'intérieur de laquelle se trouve la maison qui est dès lors à l'abri des ravages du tonnerre lequel agit quelquefois avec la brutalité d'une véritable explosion. Nous aurons l'occasion de revenir sur ces utiles appareils dans un chapitre ultérieur.

PREMIÈRES IDÉES RELATIVES A L'ÉLECTRICITÉ

Thalès de Milet, philosophe grec qui vivait 600 ans avant notre ère, avait remarqué la singulière propriété que présentait l'ambre jaune d'attirer les corps légers après qu'on l'avait frotté. En parlant de ce phénomène, Pline écrivait : « Quand le frottement lui a donné la chaleur et la vie, l'ambre attire les brins de paille comme l'aimant attire le fer. » Là se bornèrent les connaissances des Anciens sur l'électricité. Ce n'est qu'à la fin du xvie siècle que Gilbert, médecin anglais, attira de nouveau l'attention des physiciens sur ces particularités, en démontrant que beaucoup d'autres substances : le verre et la résine entre autres, pouvaient acquérir la propriété attractive par le frottement. Toutefois le nom d'*électricité*, qui vient d'*elektron*, ambre, resta à ce phénomène et à tous ceux de même ordre.

Pour expliquer les faits remarqués, on adopta l'hypothèse de deux électricités contraires, que l'on désigna sous le nom d'électricité *vitrée* ou positive se dégageant sur le verre frotté, et l'électricité *résineuse* ou négative, obtenue en frottant un bâton de cire à cacheter, et l'on considéra ces électricités comme des « fluides » distincts, semi-matériels. Mais les travaux des savants modernes ne devaient pas tarder à ruiner ces théories erronnées. Coulomb, Faraday, Maxwell et Hertz démontrèrent l'analogie existant entre l'électricité et la lumière, et, sans rien préjuger de sa nature intime, prouvèrent que c'était non un fluide, mais un mode particulier de mouvement, une vibration d'amplitude et de fréquence déterminées.

Electricité statique. — L'électricité se montre à nos sens sous différents aspects, suivant qu'elle paraît stationnaire ou, au contraire en mouvement dans un conducteur, elle est dite *statique* ou *dynamique*, mais ce n'est en réalité qu'une apparence et on ne conserve ces dénominations que pour classer les phénomènes et faciliter leur étude. Il n'y a qu'une seule espèce d'électricité, et si les effets que l'on remarque sont si variés, cela tient uniquement à l'état de repos ou de circulation dans lequel elle se trouve et du *potentiel*. Le potentiel est donc une qualité caractéristique dont on peut donner une idée en disant qu'il est, pour la propagation de l'électricité, l'analogue de la température pour la propagation de la chaleur, ou de la différence de niveaux hydrostatiques pour l'écoulement des liquides. Par conséquent *différence de potentiel* en langage électrotechnique, correspond à l'idée de différence de niveau entre deux points possédant des potentiels différents ou situés à des niveaux différents.

Le seul procédé connu, au début, pour dégager de l'électricité, consistait à frotter avec un chiffon de flanelle un bâton de cire à cacheter ou une baguette de verre, mais on n'obtenait, de cette façon, que des quantités minimes de « fluide ». On imagina donc des procédés plus parfaits et des machines à frottement automatique permettant de recueillir des charges no-

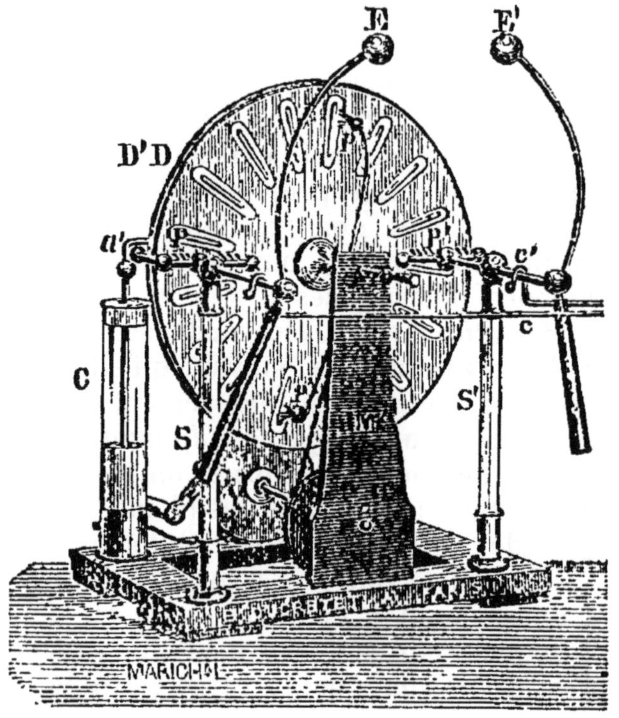

Fig. 1. — Machine statique de Winshuirst

tables d'électricité. On donna à ces machines le nom de *machines statiques* (fig. 1) ; elles permettaient de développer des charges d'électricité de très haut potentiel et de reproduire, — sur une très petite échelle, bien entendu, — les grands phénomènes de la nature, donnant ainsi une preuve de l'identité exitant entre l'étincelle jaillissant du conducteur de la machine et la flèche étincelante de la foudre éclatant au sein des nues.

GRANDEURS ET UNITÉS ÉLECTRIQUES

En mécanique, on désigne sous le nom de *potentiel* une fonction particulière des forces agissant sur un corps. Dans le cas d'un liquide soumis à l'action de la pesanteur seule, cette fonction est proportionnelle à la hauteur de la masse liquide considérée au-dessus d'un niveau pris comme origine. On peut donc, par suite, dire que le mouvement du liquide est dû à une différence de niveau existant entre le point de départ et le point d'arrivée. Or, cette différence de niveau correspond exactement à la différence de potentiel existant entre deux points donnés d'un circuit électrique. Cette différence de potentiel est due à la *force électromotrice* qui prend naissance dans une foule de phénomènes physiques chaque fois que survient un déplacement d'énergie. Ainsi, quand on attaque un métal par un acide, que l'on fait mouvoir une spire de fils conducteur dans un flux de force magnétique ou électrique, que l'on chauffe le point de soudure de deux métaux hétérogènes, etc., une différence de potentiel est créée, qui est caractérisée par une force électromotrice en rapport, soit avec les affinités chimiques, soit avec la quantité de travail mise en jeu.

Ainsi que le physicien Coulomb l'a démontré, les forces électriques et les forces newtoniennes peuvent être exprimées d'une manière identique, bien que l'on ne soit pas fixé sur l'essence intime de ces forces. Quoi qu'il en soit, de même qu'à une différence de niveau entre deux points d'une colonne liquide correspond une pression évaluable en kilogrammes par centimètre carré, à une différence de potentiel électrique correspond une pression qui s'évalue en *volts*, et c'est cette pression qui détermine le mouvement des masses électriques.

Circulation du courant. — Pour donner une idée du mode de circulation du courant électrique, on a l'habitude de comparer ce mouvement à celui de l'eau dans une conduite et nous ne manquerons pas à cet usage classique. Que l'on s'imagine donc un réservoir rempli d'eau, posé sur un support plus ou moins élevé et relié par un tuyau, d'abord à un manomètre, puis à un moteur hydraulique pouvant être isolé du réservoir par un robinet (fig. 2). C'est là une conception simple, qu'il est facile de représenter à la pensée sans qu'il soit besoin d'un schéma ; elle suffit cependant à représenter le mécanisme du courant électrique.

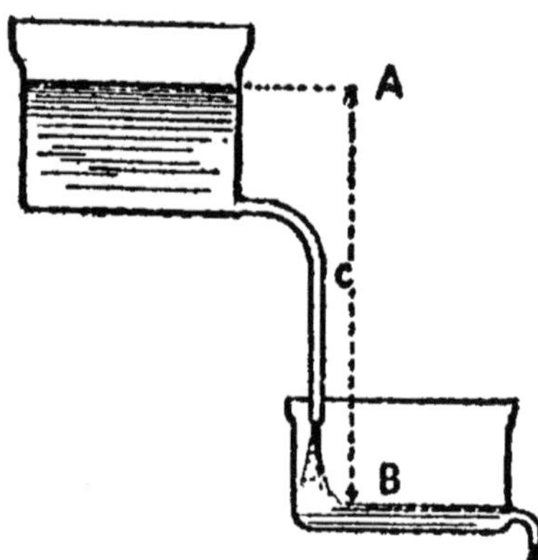

Fig. 2. — A-B différence de niveau (hydraulique)

L'effort que pourra développer le moteur hydraulique dépendra : 1° de la hauteur de la colonne d'eau, c'est-à-dire de la hauteur à laquelle le réservoir est placé ; 2° de la section du tuyau ou du degré d'ouverture du robinet, qui permettra de laisser passer plus ou moins d'eau, suivant que la résistance opposée à la circulation sera faible ou élevée. Le débit dans la conduite sera donc proportionnel à la différence de niveau entre le moteur et le réservoir, moins la résistance opposée par le robinet et les frottements du liquide à l'intérieur du tuyau. Il en est exactement de même pour un courant électrique : le *débit* ou intensité du courant (qui s'exprime en *ampères*) est rigoureusement proportionnel à la différence de potentiel ou à la pression ou tension du courant, exprimée en *volts*, moins les résistances opposées à sa propagation. C'est ce que résume la formule $I = \frac{E}{r}$, dans laquelle I est l'intensité, E la force électromotrice et r la résistance.

UNITÉS FONDAMENTALES

Ainsi que l'on s'en rend compte par ce qui précède, l'électricité constitue bien, maintenant, une science se rattachant par des lois mathématiques à la théorie mécanique. Un système complet de mesures et d'unités a été adopté par le Congrès des Electriciens de 1881, afin de caractériser quantativement entre eux les phénomènes électriques. Les unités *fondamentales* ont été basées sur des relations fournies par la physique, et sont au nombre de trois : l'unité de *longueur* qui est le centimètre ; l'unité de *masse*, qui est le *gramme*-masse, et l'unité de *temps*, qui est la *seconde*. Des initiales de ces unités (centimètre-gramme-seconde) a été créée la dénomination générale de *système C. G. S.*

De ces unités fondamentales se déduisent les *unités dérivées*, au moyen des relations que fournissent la mécanique et la physique. On obtient ainsi les unités de surface, de volume, de densité, de vitesse, de puissance, de travail, etc. Les plus indispensables à connaître sont l'*unité d'accélération*, qui représente l'accélération d'un mobile animé d'un mouvement uniforme, dont la vitesse est de 1 centimètre par seconde. L'*unité de force* est la force qui communique une accélération de 1 centimètre par seconde à une masse de 1 gramme : on la désigne sous le nom de *dyne*, elle équivaut à 1/981 de gramme, la valeur du gramme-masse correspond à 981 dynes. *L'unité de travail* est le travail accompli par l'unité de force dépassant son point d'application de l'unité de longueur et suivant sa propre direction ; on lui donne le nom d'*erg* et elle correspond à un 98 cent millième de kilogrammètre. C'est pourquoi, en raison de sa petitesse, on lui substitue, dans la pratiq le *kilogrammètre*, qui représente la quantité de travail nécessaire pour soulever à 1 mètre de hauteur un poids de 1 kilogramme.

UNITÉS PRATIQUES

Les unités pratiques employées pour la m^sure de l'énergie électrique et des courants sont : 1° le *volt*, unité de force électromotrice ou de pression ; 2° l'*ampère*, unité d'intensité et de débit ; 3° l'*ohm*, . ‘ de résistance, ces trois unités étant reliées l'une à l'autre comme, dans le système métrique, le mètre linéaire, le mètre carré et le mètre cube. Viennent ensuite le *joule*, unité de travail ; le *watt*, unité de puissance, le *coulomb*, unité de quantité ; le *farad*, unité de capacité ; le *gauss*, unité d'intensité de champ magnétique ; le *gilbert*, unité de force magnétomotrice ; le *henry*, unité d'induction ; le *œrsted*, unité de résistance magnétique et le *maxwell*, unité de flux magnétique.

Le *volt*, unité de force électromotrice ou de tension, est représenté assez exactement par la tension d'un élément de pile Daniell au sulfate de cuivre. Cette force électromotrice, résultant des influences mises en jeu : affinités chimiques, dépense de travail mécanique, etc., correspond à la hauteur de la colonne d'eau dans une distribution hydraulique ou à la pression de la vapeur dans une chaudière. L'*ampère*, unité d'intensité, représente la qnantité d'électricité qui traverse un circuit présentant une résistance de 1 ohm, lorsque la différence de potentiel est de 1 volt ; cette unité s'entend par seconde. L'*ampère-heure* vaut donc 3.600 ampères

FIG. 3. — Petit voltmètre à cadran.

La résistance à la circulation du courant électrique dans les canalisations et appareils cause une *perte de charge* graduelle et elle est proportionnellement inverse à la conductance de cette canalisation. Elle présente son analogue en hydraulique dans le frottement de l'eau le long des conduites et à la difficulté que le liquide rencontre dans son mouvement.

La loi établie par le physicien Ohm, régit ce phénomène et sa connaissance est indispensable. Elle s'é-

FIG. 4. — Ampèremètre enregistreur J. Richard.

nonce comme suit : *L'intensité d'un courant électrique est directement proportionnelle à sa force électromotrice et inversement proportionnelle à la résistance du circuit qu'il doit parcourir*, ce qui s'exprime en abrégé par la formule indiquée plus haut. Cette loi fondamentale relie les trois termes et permet de calculer, dans un réseau de conducteurs, l'une de ces variables quand on connaît les autres.

Le volt et l'ampère constituent donc les deux éléments de la valeur d'un courant. Quand on connaît l'intensité et la tension, rien n'est plus simple ensuite que de déterminer la puissance du courant, l'énergie circulant dans l'unité de temps. Il suffit de multiplier ces deux termes l'un par l'autre ; le produit s'énonce en *watts*.

On peut ensuite convertir les unités pratiques déterminant la valeur de la puissance électrique en unités mécaniques, c'est-à-dire en kilogrammes, par l'application de la règle suivante : on divise le nombre de watts obtenu par l'unité d'accélération (9,81) et le produit donne des kilogrammètres (1 watt $= \frac{1}{9,81}$, soit environ 1 dixième de k. g. m.). L'unité mécanique appelée *cheval-vapeur*, dont la valeur est de 75 kilogrammètres, correspond donc à environ 736 watts.

L'énergie électrique étant la puissance électrique en fonction du temps ; elle s'exprime en *watts-heure*, de même que l'énergie mécanique, qui s'évalue en *chevaux-heure*. Cette énergie se mesure à l'aide de compteurs spéciaux appelés *wattmètres*. La tension des courants se mesure avec des galvanomètres à fil très fin et très résistant, et l'intensité avec ce même genre d'appareils, mais comportant un cadre galvanométrique entouré d'un fil gros et court. Le premier de ces galvanomètres est un *voltmètre ;* l'autre est un *ampèremètre*, et leurs cadrans sont respectivement gradués en *volts* et en *ampères*. Ces appareils de mesure, dont l'usage est obligatoire partout où l'on se sert d'électricité, se construisent également avec adjonction d'un mouvement d'horlogerie permettant l'inscription auto-

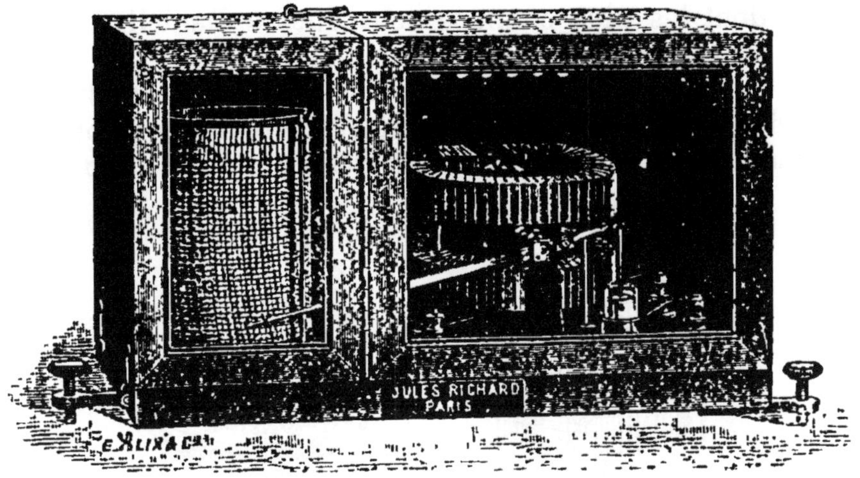

Fig. 5. — Wattmètre enregistreur Richard.

matique des variations de force électromotrice, d'intensité ou de puissance.

LES PILES ÉLECTRIQUES

Le moyen le plus simple que l'on ait pour se procurer un courant électrique, — à la condition que la quantité totale de puissance à développer ne soit pas trop grande, — réside dans l'emploi des *piles* à effets chimiques, dont le principe a été établi en 1800 par Volta, et dont il existe une innombrable variété de modèles, avec lesquels on a cherché à réaliser une réaction chimique donnant naissance à un courant aussi constant que possible.

C'est le type de pile dit *à sulfate de cuivre* combiné

en 1828 par le physicien Becquerel, qui se rapproche le plus des conditions théoriques du problème, mais l'élément ne fournit qu'un courant peu intense, aussi son agencement a-t-il subi de nombreuses modifications dont les plus connues sont dues à Daniell, Callaud, Meidinger, Vérité, etc.

La pile Grove, perfectionnée dans la suite par Bunsen (dont elle a conservé le nom) Archereau, Rumkorff, d'Arsonval, Tommasi, etc., est très énergique et four-

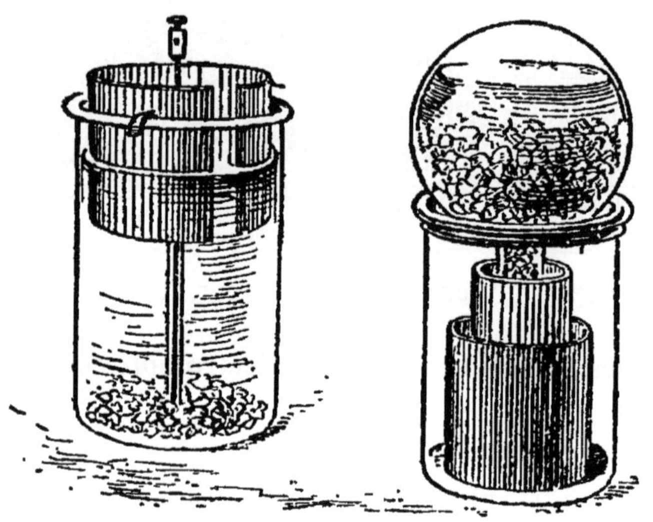

Fig. 6. — Elément Callaud. Fig. 7. — Pile Daniell.

nit un courant assez constant, mais elle dégage en fonctionnant, des vapeurs nitreuses désagréables. Son entretien exige également une grande attention et nécessite la manipulation d'acides concentrés qui tachent les doigts et sont d'un usage non sans danger.

La pile au bichromate de soude ou de potasse présente une force électromotrice aussi élevée que la pile Bunsen à acide azotique, mais, à égalité de volume, elle est cinq fois moins énergique. Il existe deux systèmes : l'un à liquide unique, créé par Poggendorf ; l'autre, à deux liquides, dû à Fuller. Dans le premier, le liquide, à la fois excitateur et dépolarisant, est une solution plus ou moins concentrée de bichromate et d'acide sulfurique ; les électrodes, composées de deux plaques de charbon disposées de chaque côté d'une lame de zinc amalgamé, plongeant dans cette solution et leur immersion est réglée par un treuil ou tout autre procédé. Dans le modèle à deux liquides, le récipient extérieur contient la solution dépolarisante de bichromate où baigne l'électrode de charbon qui présente une très grande surface, et au centre se trouve le vase poreux, rempli d'eau acidulée et contenant la lame de zinc amalgamé.

Il n'est pas de système sur lequel l'effort des chercheurs se soit autant porté que la pile au bichromate,

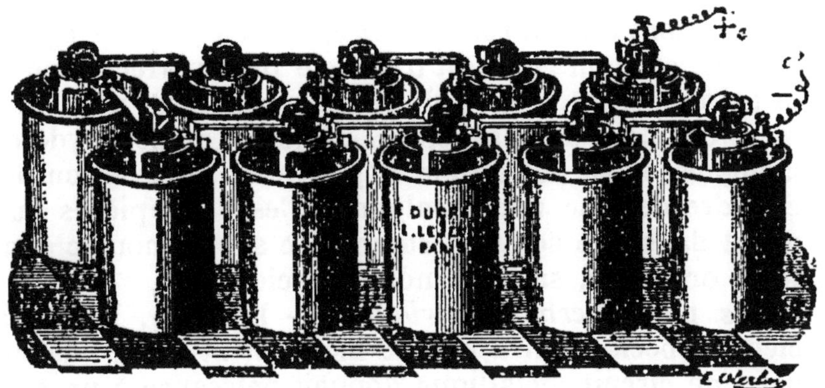

FIG. 8. — Batterie de piles Bunsen.

et parmi les modèles qui ont joui d'une certaine vogue, il convient de citer la *pile-bouteille* de Grenet, la *batterie à treuil*, à liquide sursaturé, de G. Trouvé, la *pile impolarisable et siphoïde* de Cloris-Baudet, la *pile do-*

mestique de Radiguet, les *piles portatives* de Larochelle, Gauzentès, Buchin, les *éléments en cascade et à écoulement* de Chutaux, Camacho, Jarriant, Hospitalier, etc., etc. La liste pourrait être indéfiniment allongée, mais la plupart de ces modifications n'ayant eu qu'une vogue éphémère, il nous paraît inutile de les décrire ici.

Il ne serait pas juste de taxer de la même manière les piles au sel ammoniac inventées par Leclanché et perfectionnées par ses successeurs. Ces générateurs, contrairement aux précédents, n'ont pas l'inconvénient de dépenser en circuit ouvert ; ils ne dépensent, et leur matière active ne se détruit que pendant le travail. La pile Leclanché est d'ailleurs universellement connue et appréciée depuis l'année 1870, et elle a, seule, rendu possibles les applications domestiques de l'électricité, où il n'est besoin de courant que par intervalles avec des périodes de repos. Les trois modèles en service sont celui à *vase poreux*, celui à *plaques agglomérées*, et enfin celui dit *à sac*, le plus perfectionné et le plus puissant, dont l'électrode positive est un aggloméré composé de charbon de cornue et de peroxyde de manganèse, et l'électrode négative un crayon ou un cylindre de zinc non amalgamé. Ces deux pièces baignent dans une solution saturée de sel ammoniac dans l'eau ordinaire, sans le moindre acide.

Les piles thermo-électriques. — En 1821, le physicien Seebeck montra que le mouvement de la chaleur dans un circuit métallique donnait naissance à un courant électrique. Il prit une lame de cuivre et une lame de bismuth chauffées à leur point de soudure, et reconnut qu'une différence de potentiel se produisait entre l'endroit chauffé et l'extrémité froide, et le courant électrique ainsi développé était d'autant plus intense que la différence de température était plus grande entre les deux points considérés. Cette expérience réussit également bien avec un circuit composé d'autres métaux que le cuivre et le bismuth ; le professeur Becquerel étudia le pouvoir thermo-électrique des métaux, et les lois qu'il formula à ce sujet furent complétées plus tard par Pouillet, qui démontra que le caractère principal de ces générateurs était de ne posséder aucune résistance intérieure, et que la température du point chauffé pouvait être portée jusqu'à 300 degrés avec certains métaux tels que le fer et le palladium. Mais la force électromotrice du courant était très faible : 0,02 volt par élément.

Malgré ces inconvénients, divers modèles de piles thermo-électriques dus à Nobili, Melloni, Clamond, Gülcher, de Noé, etc., ont été créées, mais ce sont plutôt des curiosités de laboratoire que des appareils pratiques, car la dépense de chaleur qu'ils exigent est tout à fait hors de proportion avec la puissance recueillie dans le circuit extérieur.

LES ACCUMULATEURS

Dans ces appareils, on utilise le phénomène de la polarisation des piles, pour faire restituer à l'appareil le courant qu'il a absorbé. Il y a deux types d'accumulateurs : celui de *Planté*, où la matière active est produite par un courant, à la suite de charges répétées, et celui de *Faure*, dans lequel on prend les oxydes tels qu'on les trouve dans le commerce, sous forme de minium ou de litharge et en compose une pâte que l'on applique sur les feuilles de plomb, qui ne servent plus alors que de supports et de collectrices de courant. Faure ne réussit pas, au début, à faire adhérer cette pâte d'oxyde à une feuille plate, mais d'autres chercheurs furent plus heureux en donnant à la plaque de plomb la forme d'un grillage à barreaux entrecroisés très serrés et en encastrant la pâte ou *matière active* dans les vides de cette grille. Telle fut l'origine de l'accumulateur dit *à pastilles* ou à *oxydes rapportés* et à *formation artificielle*, cette dernière opération étant ramenée à son minimum de durée.

Ainsi donc il existe deux types bien distincts d'accumulateurs au plomb : les premiers sont ceux de Planté dans lesquels les oxydes font partie intégrante des électrodes, et les autres sont ceux dérivant du type primitif Faure où les oxydes sont fabriqués par méthodes chimiques et appliqués sur une grille de support en plomb antimonié inattaquable dans l'acide. Enfin, il existe encore une catégorie intermédiaire, participant de ces deux types et dans lesquels une *âme* en plomb pur, formée suivant les procédés Planté, est recouverte d'oxyde suivant le procédé Faure.

Fabrication des accumulateurs. — Dans les modèles actuels, à formation artificielle ou mixtes, les plaques positives sont des grilles obtenues, soit en les fondant dans un moule, soit en les soumettant à l'action d'une machine-outil, sorte de raboteuse qui creuse de profondes rainures à la surface de la plaque. Les creux sont ensuite remplis de pâte de minium malaxée avec de l'eau acidulée, et la plaque est soumise à une forte pression sous une presse hydraulique. Après quelques jours, cette pâte est partiellement décomposée et transformée en oxyde et en sulfate de plomb. Cette réaction terminée, on commence la formation qui ne demande que quelques jours pour être parfaite. La dépense d'énergie, pour cette opération indispensable, se trouve donc réduite au strict minimum. Si la grille elle-même est en plomb pur, elle s'oxyde elle-même assez peu ; le service journalier complète peu à peu sa formation, qui est complète lorsque les oxydes artificiels ont fini par disparaître, décollés à la longue de leur support par le phénomène du *foisonnement* qui dilate les pastilles pendant la charge et les détache de leurs alvéoles. A la plaque Faure succède donc à ce moment la plaque Planté formée pendant le travail quotidien.

Propriété des accumulateurs. — Les modèles actuels d'accumulateurs ont une capacité moyenne de 25 ampères-heure par kilogramme de plaques. Leur charge doit s'effectuer avec une intensité de courant de 2 ampères au kilo, mais dans les types dits à *charge rapide*, la durée de cette opération peut être considérablement réduite, et amenée à 2 heures et même une heure, mais au détriment de la capacité. De même, le régime normal de décharge doit être tel que cette période dure dix heures. Le rendement de l'appareil atteint alors 90 pour 100 en ampères-heures et 80 en énergie. C'est dire que le plomb ne restitue pas intégralement l'énergie électrique qu'il a transformée en travail chimique récupérable ; il en absorbe une partie pour effectuer la transformation.

Les applications des accumulateurs électriques sont très nombreuses dans l'industrie en raison des avantages particuliers qu'ils présentent comme régulateurs et comme magasins transportables d'énergie. Mais on leur reproche, non sans raison, leur poids excessif et leur détérioration rapide ; aussi les efforts des électriciens modernes se portent-ils sur les moyens de substituer un autre métal au plomb, problème presque résolu d'ailleurs à l'heure actuelle.

PRODUCTION MÉCANIQUE DU COURANT ÉLECTRIQUE

Le principe sur lequel se trouve basé le fonctionnement de toutes les machines électriques industrielles est le même que celui de la bobine d'induction. La seule différence réside dans ce fait que, dans la bobine, les courants induits sont développés par les interruptions de passage d'un courant primaire dans un enroulement spécial, alors que dans les génératrices mécaniques, ces

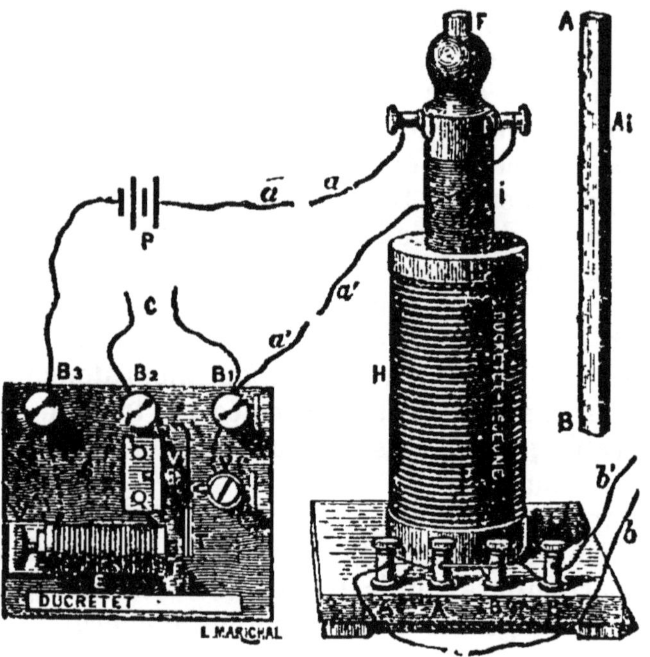

FIG. 9. — Appareil de démonstration des phénomènes de l'induction magnétique et voltaïque.

courants induits résultent du déplacement d'un circuit dans un champ magnétique créé par un aimant ou un électro-aimant. On n'utilise donc, non plus une induction *voltaïque*, mais une induction *magnétique*, d'où le nom de ces machines.

La première machine mettant en pratique les lois de

Faraday, date de 1835 et fut établie par Pixii : elle se composait d'un aimant mobile tournant devant les pôles d'une bobine fixe. Sexton puis Clarke renversèrent cette incommode disposition et firent tourner la bobine devant l'aimant. En 1849, le professeur Nollet construisit une machine comportant 60 aimants en fer à cheval entre lesquels tournaient toute une sére de bobines associées et contenant des noyaux de fer doux ; cette machine fut perfectionnée plus tard par Masson et van Malderen et utilisée pour l'éclairage électrique des phares, sous le nom de *machine de la Compagnie l'Alliance.*

En 1859, Hefner-Alteneck, physicien allemand, donna à la bobine mobile, dans le fil de laquelle les courants induits prenaient naissance, la forme d'un long cylindre, entaillé sur toute sa longueur pour recevoir

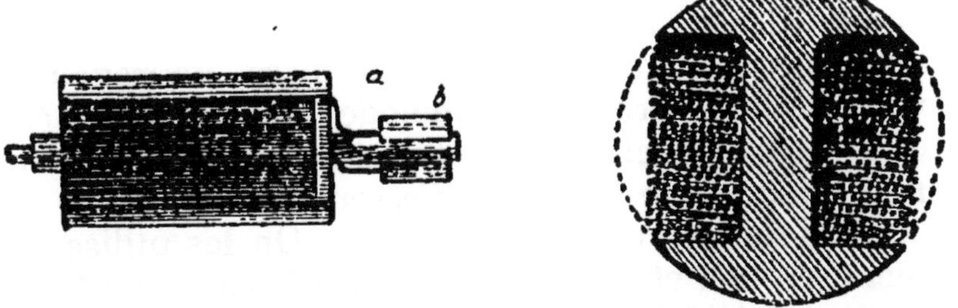

Fig. 10 et 11. — Bobine Siemens et sa coupe transversale.

le fil conducteur. Les deux parties, en forme de T, qui restaient apparentes dans le cylindre, constituaient les surfaces que l'on disposait en regard des faces polaires d'un aimant. Quelques années plus tard, Wilde utilisa le courant que l'on obtenait en faisant tourner la bobine devant son aimant permanent pour alimenter ou *exciter* les électro-aimants d'une seconde machine identique, mais de plus grandes dimensions. Le champ magnétique indispensable à la production des courants induits se trouvait donc engendré, dans la première machine, par un aimant permanent, et par un électro-aimant dans l'autre, disposition que l'on crut longtemps nécessaire, mais qui, en réalité, n'était qu'une complication que l'on n'employa plus que dans des circonstances particulières, lorsque les phénomènes de l'induction furent mieux compris.

Machines magnéto-électriques. — Pendant longtemps, on continua à faire exclusivement usage d'aimants permanents (artificiels, bien entendu) comme moyen de créer le champ magnétique dans lequel tournait l'armature Hefner, qui était plus connue sous le nom de *bobine Siemens*, du nom de son constructeur, et même, lorsque plus tard, la dynamo se fut vulgarisée, on conserva les aimants excitateurs. Les machines ainsi agencées ont reçu la désignation de *machines magnéto-électriques*, ou, plus succinctement *magnétos*. Elles ont retrouvé, ces temps derniers, un regain de vogue comme procédé commode d'obtenir des étincelles de haute tension produisant l'allumage du mélange d'air et de vapeurs d'essence à l'intérieur des cylindres de moteurs d'automobiles. On les utilise également, au lieu et place des piles Leclanché, sur les réseaux de téléphones pour développer le courant nécessaire à l'appel. Soigneusement construites, les magnétos actuelles ont reçu de très nombreuses applications pour ces deux genres de services cependant bien différents.

Invention de la dynamo. — En 1851, l'électricien Hjorth, analysant les effets de la machine de Wilde, affirma qu'il était parfaitement possible d'obtenir de l'énergie électrique sans recourir à l'emploi des aimants permanents pour la création du champ magnétique. Siemens et Wheatstone constatèrent également un peu plus tard qu'il suffisait également à faire tourner l'armature entre les pôles d'un électro-aimant, alors que celui-ci n'était traversé par aucun courant pour qu'il se développât immédiatement dans le fer de ces électros une aimantation suffisant à amorcer la machine. En effet, le fer conserve toujours, si bien affiné et recuit qu'il soit, une faible quantité de *magnétisme rémanent* dont il est difficile de le débarrasser, et assez grande pour donner naissance à un très faible courant induit dans le fil de la bobine induite. Ce courant se renforce de plus en plus par les influences mutuelles d'induction des électros sur l'armature à mesure que la vitesse de rotation s'accroît. Grâce à ce phénomène, les inducteurs en fer sont transformés en électro-aimants, ce qui rend inutile la présence d'une machine distincte pour la création du champ magnétique.

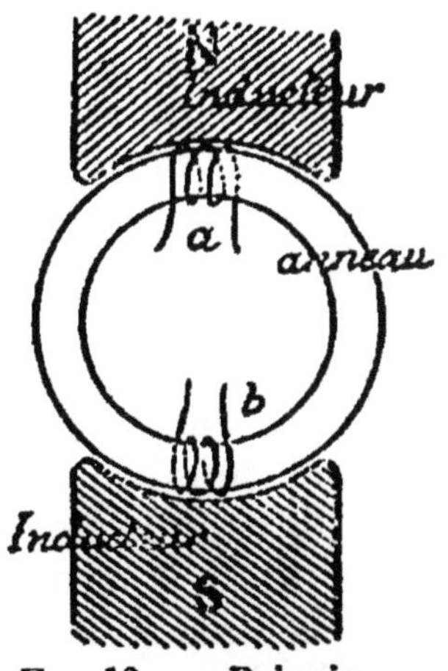

Fig. 12. — Principe du fonctionnement de la dynamo.

On se rend donc compte qu'en définitive, c'est le déplacement du conducteur ou armature induite qui crée le courant électrique que l'on recueille. Il faut dépenser une certaine quantité de travail mécanique pour obtenir une quantité un peu inférieure d'énergie électrique. (Le rendement atteint et dépasse même 90 p. 100). Les machines électro-magnétiques sont donc par conséquent, des espèces de transformateurs qui rendent du courant électrique en échange du travail qui leur est fourni sous forme de mouvement, et le problème industriel consiste simplement à opérer cette transformation avec le moins de perte possible.

Dispositions de la dynamo. — La dynamo, dont le principe a été découvert par Gramme, se distingue de la magnéto par ce fait qu'elle s'amorce automatiquement et fournit elle-même le courant nécessaire à l'alimentation des aimants créant le champ magnétique. Elle est donc à *auto-excitation*, et son organe principal, l'induit mobile, est une invention de Gramme qui demeure en usage depuis quarante ans.

Cette armature présente la forme d'un anneau circulaire, monté sur un arbre central lui transmettant le mouvement de rotation. Cet anneau est composé d'un faisceau de fils de fer recuits, roulés en rond de manière à former un cylindre méplat que l'on consolide par des ligatures soudées. Sur cette bague servant de noyau, sont enroulés une série de bobinages juxtaposés, séparés l'un de l'autre par de la matière isolante intercalée entre eux. Chacun de ces bobinages contient le même nombre de tours de fil de même diamètre, et le fil de chaque bobine est relié d'une part à la bobine qui la suit, et d'autre part à la bobine précédente en même temps qu'à une lame de cuivre isolée, fixée sur un cylindre ou manchon en matière isolante. Autant cet anneau comporte de sections ou de bobines distinctes, autant le manchon, que l'on appelle *collecteur* compte de lames de cuivre. Une fois que les bobinages ont été mis en place, l'anneau est renforcé par des frettes en tôle mince soudées, et il est réuni par des rais de bronze ou des plateaux de serrage à l'arbre de couche central.

Le courant prenant naissance dans chaque spire de fil à mesure qu'elle passe, par suite du mouvement de rotation qui lui est transmis, devant les faces polaires des électros, est totalisé par le collecteur et recueilli par deux balais métalliques ou en charbon frottant sur cet organe, en touchant deux lames diamétralement

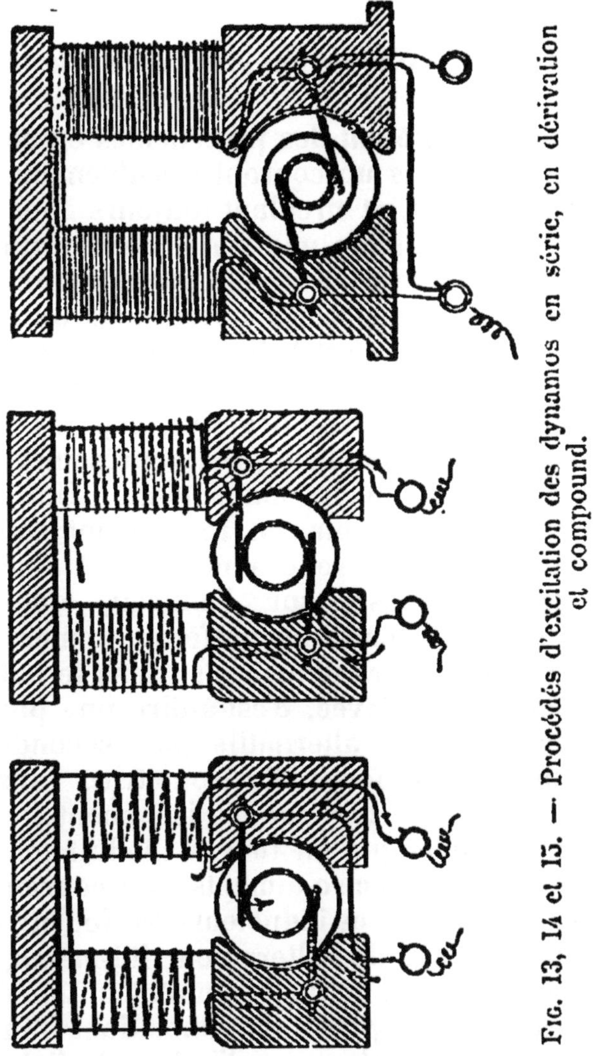

Fig. 13, 14 et 15. — Procédés d'excitation des dynamos en série, en dérivation et compound.

opposées. Suivant le cas, c'est la totalité du courant produit qui alimente les inducteurs, et la machine est dite alors *à excitation en série*, ou par une fraction de ce courant, et la dynamo est *excitée en dérivation.*

MACHINES A COURANT ALTERNATIF, OU ALTERNATEURS

Ces machines diffèrent des précédentes en ce qu'elles fournissent, non plus un courant sensiblement continu, comme les dynamos, et circulant toujours dans le même sens dans les fils, mais une série de courants partant de zéro pour atteindre un maximum, revenir ensuite à zéro et parcourir le circuit d'abord dans un sens puis dans le sens opposé, c'est-à-dire en présentant successivement deux maxima inverses, l'un ayant une valeur positive, l'autre une valeur négative, séparés par deux valeurs nulles, ce que l'on peut représenter graphiquement par une courbe sinusoïdale. Une dynamo ordinaire pourrait fournir, en remplaçant son collecteur par deux bagues reliées chacune à une bobine diamétralement opposée sur l'anneau, du courant alternatif simple, mais on préfère donner d'autres formes aux alternateurs industriels, dans le but d'avoir une *fréquence* plus élevée, c'est-à-dire une plus grand nombre de courants alternatifs par seconde, ainsi qu'une plus grande force électromotrice sans aucun danger de pertes internes par les isolements.

Le champ magnétique où tourne l'induit mobile, est développé par des électro-aimants. Le courant nécessaire à l'excitation de ces inducteurs est fourni, soit par une bobine du circuit de l'alternateur lui-même, dont le courant est redressé par un commutateur spécial, soit par une *excitatrice*, petite dynamo dont l'induit est monté sur le même arbre que l'induit de l'alternateur et se trouve entraîné dans le mouvement de celui-ci par une poulie unique. Suivant les dimensions de la machine, l'induit est un anneau Gramme ou un tambour Siemens, ou bien la disposition des pièces se trouve renversée : l'induit est fixe et c'est l'inducteur, auquel on donne alors un grand diamètre, qui tourne. Enfin, dans quelques modèles, l'inducteur et l'induit sont fixes tous les deux et situés concentriquement l'un par rapport à l'autre. Une roue dentée tourne dans l'espace laissé entre ces deux organes et, par l'action magnétique qu'elle détermine en raison de la présence des noyaux de fer qu'elle porte, elle détermine la production des courants sinusoïdaux dans le circuit induit.

Les alternateurs ne possèdent pas de collecteur ; ils ont simplement deux bagues montées à peu de distance l'une de l'autre sur un manchon en matière isolante entourant l'arbre tournant. Les deux extrémités du fil de l'induit aboutissent à ces bagues. Les balais, qui permettent de recueillir le courant, sont deux frotteurs ordinaires, mais on emploie de préférence deux demi-bagues constituées par des lames de ressort en cuivre écroui s'appliquant sur les bagues tournantes. Cet ensemble, dans les machines fournissant des courants de haute tension, est enfermé à l'intérieur d'une boîte à parois de verre, et les barres de prise de courant sont entourées de caoutchouc afin d'éviter tout danger d'électrocution du personnel chargé de la surveillance.

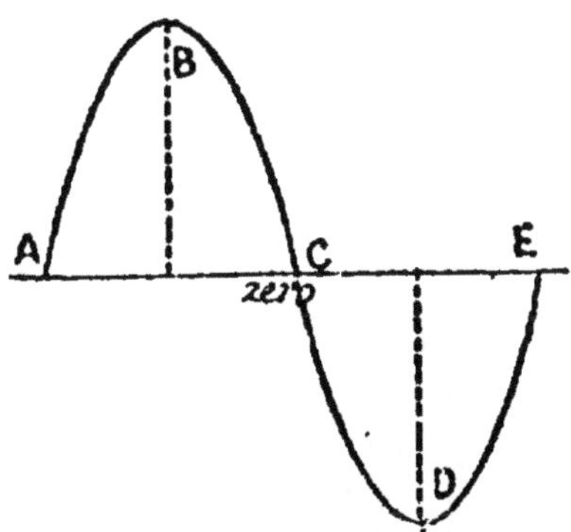

Fig. 16. — Sinusoïde décrite par un courant alternatif monophasé.

Les courants polyphasés. — Jusqu'à présent nous n'avons parlé que des courants alternatifs simples, ou *monophasés*, mais il existe également des machines fournissant plusieurs courants alternatifs naissant au cours d'une même période et connues sous le nom d'*alternateurs à courants polyphasés*, mais en fait, on n'utilise que des courants à deux phases ou *diphasés* et à trois phases ou *triphasés*. Identiques entre eux comme loi de variation en fonction de temps, ces courants diffèrent dans leur développement simultané, par les moments où se produisent leur maxima, autrement dit leurs *phases*.

La phase d'un courant alternatif constitue un élément qu'il est essentiel de connaître, et pour comprendre comment plusieurs courants, de sens successivement direct et inverse peuvent prendre naissance dans une machine unique, il suffit de dire que ce résultat est obtenu d'une manière très simple, rien que par le couplage des bobines de l'induit qui, au lieu d'être couplées à la suite l'une de l'autre, sont couplées de deux en deux par les courants diphasés, et de trois en trois par les courants triphasés. Les courants successivement produits se trouvent donc, par cet artifice, *décalés*, les uns par rapport aux autres, d'un quart ou d'un tiers de période. L'induit comporte donc deux ou trois circuits distincts reliés chacun à une bague de prise de courant, et la courbe décrite par les courants affectera l'aspect de deux sinusoïdes parallèles dans le premier cas, et de trois sinusoïdes dans l'autre (courants triphasés).

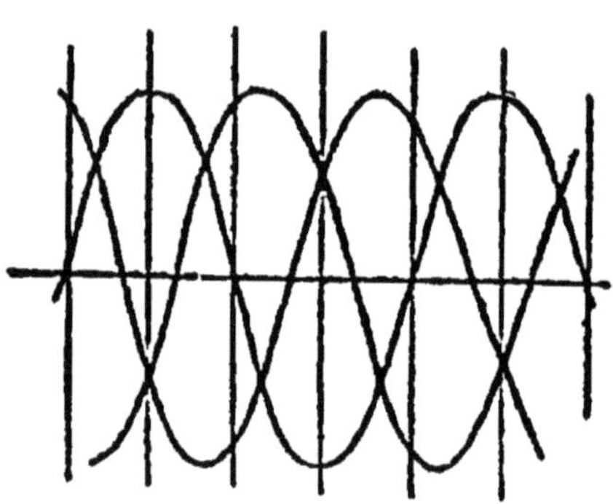

Fig. 17. — Courbes de courants triphasés.

Comme la vitesse de rotation est uniforme, la produc-

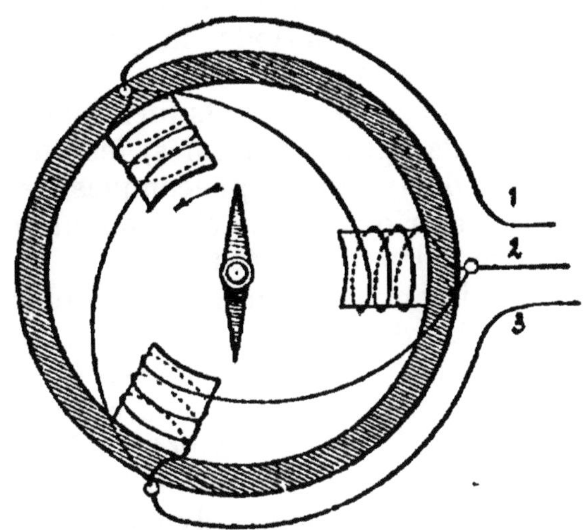

Fig. 18. — Schéma du fonctionnement d'un alternateur triphasé.

tion de ces courants est périodique, et ils subissent la

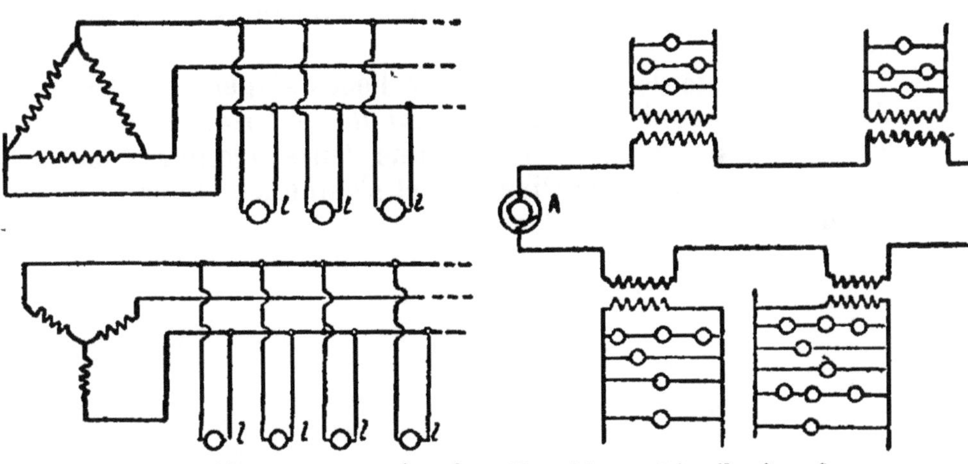

Fig. 19 et 20. — Montage en triangle et montage en étoile.

Fig. 21. — Distribution de courants triphasés avec transformateurs disposés en série.

même série de variations après chaque passage devant le pôle de même nom. Les trois éléments de la fonction sinusoïdale, qui sont la période, la phase et l'amplitude, ne concordent pas.

Pour entretenir dans des circuits identiques mais distincts, des courants égaux et décalés, les uns par rapport aux autres de fractions quelconques de période, il suffit d'y faire agir des forces électromotrices égales, présentant entre elles ces décalages, et ce résultat s'obtient en munissant un alternateur de plusieurs enroulements induits identiques, convenablement disposés par rapport aux pôles inducteurs. Lorsque chacun de ces enroulements est relié séparément à son circuit d'utilisation, la différence de potentiel existant entre deux points d'un des circuits distincts que comporte un alternateur à courants polyphasés, est décalée, par rapport à la différence de potentiel des points correspondants à l'un des autres circuits, de la même quantité que les courants traversant les deux circuits comparés, car dans ceux-ci existe le même décalage entre les différences de potentiel considérées et les courants.

Le couplage des courants polyphasés s'opère suivant deux méthodes distinctes, en *triangle* et en *étoile* (fig. 19 et 20), qui présentent chacune leurs avantages et leurs inconvénients particuliers et s'emploient dans des circonstances déterminées.

CHAPITRE II

L'Électricité dans les villes

AGENCEMENT DES USINES ÉLECTRIQUES

Les trois services principaux que l'on demande, dans l'industrie, à l'énergie électrique, sont l'éclairage, la force motrice et la traction. Comme il est beaucoup plus économique de produire cette énergie par grandes quantités que par fractions, on a adopté les moyens déjà mis en pratique pour l'éclairage par le gaz : on installe une usine ou station centrale, munie du matériel électromécanique nécessaire pour fournir à la consommation. Le courant engendré par les machines est envoyé dans les quartiers de la ville à alimenter par des câbles de dimensions appropriées, et des saignées sont opérées sur ces conduites principales pour amener le courant aux appareils à alimenter, exactement comme cela a lieu pour l'eau et le gaz d'éclairage.

Les grandes stations centrales desservant des milliers de foyers lumineux disséminés sur tout le périmètre d'un secteur traversé par les canalisations électriques, peuvent être rangées en deux catégories, suivant qu'elles se trouvent à proximité de l'agglomération à alimenter, ou, au contraire, situées à une grande distance de ce centre, et nous examinerons successivement ces deux cas, car il est bon de connaître avant tout, comment l'électricité que l'on emploie journellement est maintenant fabriquée dans les usines.

Stations centrales urbaines. — Pour réaliser pratiquement cette conception de la station centrale à services multiples, il importe que l'énergie électrique y soit engendrée sous la forme qui convient le mieux aux clients du réseau. Or il est souvent difficile de préciser d'avance cette forme, car cela dépend souvent d'une foule de conditions quelquefois contradictoires et dont il faut tenir compte. Ainsi, si l'on admet qu'il est avantageux de fournir l'électricité aux gros consommateurs sous forme de courants triphasés à haute tension (10.000 volts et même davantage), on n'est pas d'accord sur le meilleur chiffre de fréquence à donner à ces courants. La *Société Electrique de Paris* a adopté le chiffre de 25 périodes par seconde, et les courants qui peuvent être transportés économiquement à toute distance, sont envoyés dans des sous-stations qui les transforment en courant continu, qui est distribué aux abonnés voisins.

Dans l'usine modèle de cette Société, située à Saint-Denis, le fonctionnement est entièrement automatique et la main-d'œuvre réduite au minimum. Des grues et des convoyeurs à commande électrique effectuent le déchargement des chalands, la mise en silos du combustible et le transport aux grilles des chaudières. Pour une consommation de 80 tonnes de houille par heure, la dépense d'énergie mécanique nécessaire à ces manutentions n'est pas supérieure à 40 chevaux-vapeur, ce qui est insignifiant, comparativement aux frais qu'entraînerait la main-d'œuvre humaine. Les cendres et mâchefers sont également évacués mécaniquement par des organes analogues à ceux qui assurent l'amenée du charbon. L'alimentation d'eau des chaudières s'opère simultanément pour tous les générateurs, depuis un poste central, et la vapeur surchauffée et sèche, est envoyée aux groupes électrogènes de grande puissance, formés d'une turbine à vapeur accouplée directement avec une dynamo ou un alternateur.

Alors qu'on n'apercevait, à l'Exposition Universelle de Paris, en 1900, que des machines à vapeur à pistons, horizontales ou verticales, à faible ou à grande vitesse, type Corliss, William, Westinghouse, etc., aujourd'hui la préférence est donnée aux turbo-moteurs qui donnent un mouvement circulaire continu et peuvent commander directement les génératrices électriques. Les systèmes les plus usités sont ceux de Brown-Boveri, Parsons, Riedler-Stumpf, Rateau, Curtis, de Laval, etc.

L'usine de Saint-Denis dont nous parlons, comprend trois groupes de bâtiments identiques contenant chacun quatre silos pouvant emmagasiner 4.000 tonnes de charbon, une salle de chauffe avec 24 chaudières multitubulaires, une salle des pompes où sont réunis les divers appareils servant à régler l'alimentation d'eau de ces chaudières, enfin une salle des machines renfermant quatre turbo-alternateurs de 6.000 kilowatts type Brown-Boveri Parsons. Un bâtiment spécial est réservé au tableau de distribution répartissant la distribution de ces 75.000 kilowatts d'énergie électrique entre les centres alimentés.

Le premier point à résoudre, le plus important en matière d'électricité industrielle, réside dans la production au plus bas prix possible du courant. La question de rendement économique est primordiale, et quand les moteurs thermiques sont les seuls dont l'usage est pratique, comme c'est le cas dans nombre de villes, il faut obligatoirement produire le plus de vapeur que l'on peut par tonne de combustible brûlé, ainsi que le plus haut rendement du moteur par kilogramme de vapeur, enfin restreindre au minimum la main-d'œuvre humaine. La turbine à vapeur représente actuellement le dernier mot du progrès, c'est le moteur qui convient le mieux aux stations centrales de grande importance, et elle n'a pour concurrent sérieux que le moteur à gaz alimenté de gaz pauvres de gazogène ou de haut-fourneau, et dont le prix de revient est minime, en même temps que le rendement en travail plus élevé.

Usines éloignées des centres. — Quand l'usine se trouve située à une grande distance du centre à desservir, la distribution d'électricité aux consommateurs s'effectue alors par une méthode indirecte, et elle est nettement séparée du transport d'énergie proprement dit. Au lieu d'une station génératrice, la ville ne possède alors qu'une ou plusieurs sous-stations réceptrices, où s'opère la transformation de l'énergie, ordinairement envoyée du lieu de production sous une tension très élevée dont ne sauraient s'accommoder les appareils. C'est de ces sous-stations d'où partent les câbles de distribution.

C'est quand on ne peut profiter d'une puissance naturelle existant à proximité des endroits à alimenter que l'on est obligé de demander à des moteurs thermiques la force nécessaire pour commander les dynamos, et là encore on est souvent obligé de scinder le transport de l'énergie et la distribution. En effet, à l'intérieur des grandes villes, le terrain est excessivement coûteux, et il est d'une meilleure administration de s'éloigner jusque dans la banlieue pour trouver un emplacement favorable à la création d'une usine d'électricité. S'il existe un fleuve, un canal, les bâtiments sont élevés sur les bords, autrement la station est raccordée par une ligne spéciale à la voie ferrée la plus proche, afin de faciliter l'arrivée et la manutention des énormes quantités de combustible indispensables. Mais le voisinage d'une voie navigable quelconque est bien préférable en raison du prix moins élevé du transport de la houille par bateaux, en même temps que par la commodité d'alimenter les chaudières, si l'on se sert de la vapeur, et d'assurer la condensation.

A moins que les travaux d'art nécessités pour l'exécution des barrages et la captation des eaux ne soient considérables, il est plus économique de recourir, chaque fois qu'on le peut, au moteur hydraulique plutôt qu'au moteur thermique. Dans le premier cas, une fois les travaux de premier établissement exécutés, le courant électrique produit par la houille blanche ou verte ne coûte plus rien, et on sait qu'il n'en est pas de même avec n'importe quel autre système de moteur réclamant un combustible solide, liquide ou gazeux. Mais, lorsque la distance du lieu de production à celui d'utilisation est considérable et qu'il s'agit d'une puissance élevée à transporter, le problème doit être étudié de près, car la ligne de transport peut coûter fort cher à établir.

DIVERS PROCÉDÉS DE DISTRIBUTION

La puissance d'un courant électrique se compose de deux facteurs indépendants, qui sont la tension et l'intensité, et l'on conçoit que l'on peut opérer le réglage en agissant sur l'un ou l'autre de ces facteurs. De là deux procédés de répartition distinctes, suivant que l'intensité ou la tension sont maintenues constantes, quel que soit le nombre d'appareils d'utilisation mis en circuit.

En fait, on n'utilise guère que le procédé dit *à potentiel constant* et intensité variable. Le courant envoyé par l'usine centrale présente toujours la même tension, et le réglage s'opère à la salle des machines en ajoutant ou en retirant des unités génératrices du circuit, suivant la demande et la consommation d'électricité.

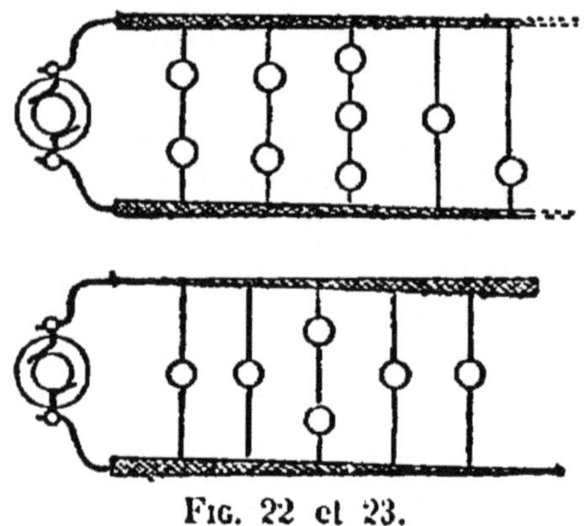

Fig. 22 et 23.

Pour restreindre la dépense totale de cuivre des conducteurs, au lieu de brancher les lampes ou autres appareils alimentés, entre les deux fils de la distribution, dont la section va ordinairement en décroissant depuis le point de départ, disposition dite par câbles conique *parallèles* ou *anti-parallèles* (figures 22 et 23), on peut employer divers moyens. Les plus usités sont les distributions par fils multiples et par feeders.

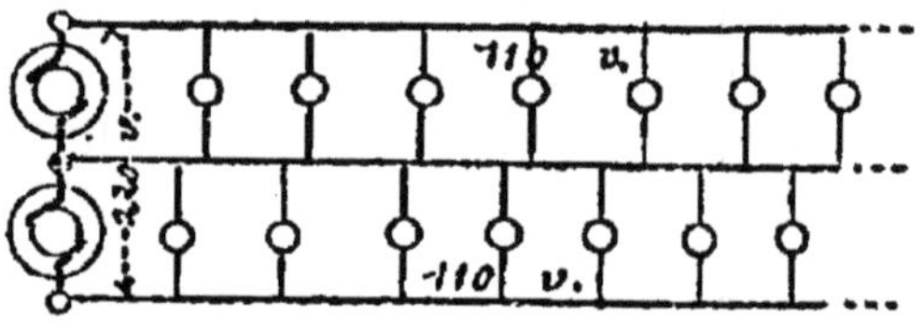

Fig. 24.

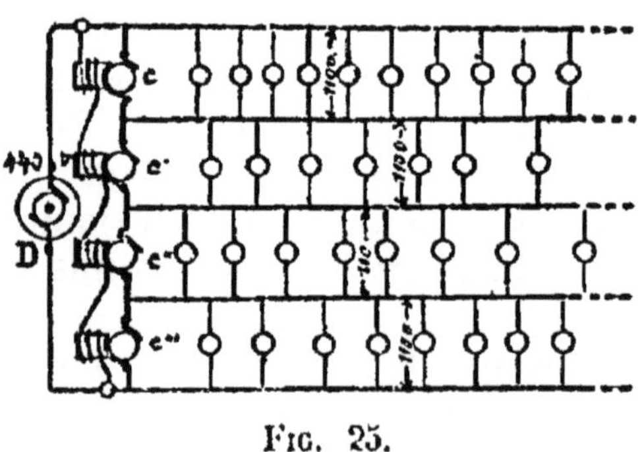

Fig. 25.

Dans le premier cas, on intercale un fil neutre entre chacun des deux conducteurs de la distribution, et chacune des lampes à desservir est branchée entre ce fil neutre et l'un des conducteurs amenant le courant, en répartissant également ces lampes sur l'un et l'autre conducteur. C'est ce qu'on appelle une *distribution à trois fils* (fig. 24). Si les lampes doivent fonctionner à la tension normale de 110 volts, on maintiendra une différence de potentiel constante de 220 volts entre les deux conducteurs de distribution. Au lieu de trois fils, on peut encore utiliser cinq conducteurs, entre lesquels on branche également les lampes, et on a une *distribution à cinq fils* (fig. 25). Le réglage et la répartion du courant entre chaque *pont*, est obtenu automatiquement à l'usine génératrice au moyen de *compensatrices*, dynamos intercalés entre chaque pont, ou des batteries d'accumulateurs.

On donne le nom de *feeders* à de gros câbles partant de l'usine électrique et sur le trajet desquels il n'est opéré aucune saignée. Ces câbles aboutissent en des points convenablement choisis du réseau de distribution, qui peut être à deux, trois ou cinq fils, et ont pour but de lui fournir la totalité de l'énergie transportée et de maintenir la tension à un chiffre constant, quelle que soit l'importance de la consommation.

RÔLE ET UTILITÉ DES TRANSFORMATEURS

Il n'est pas toujours possible, par suite d'une foule de circonstances locales, d'utiliser le courant tel qu'il est produit par l'usine centrale génératrice. Les appareils d'utilisation peuvent, d'autre part, ne pas se prêter à la consommation de ce courant et il est indispensable de modifier ses constantes ou sa forme même afin de le rendre applicable aux opérations en vue. Les appareils qui permettent de changer, d'intervertir, de transformer en un mot les constantes ou les phases des courants sont appelés *transformateurs*.

Lorsque le temps de l'utilisation est séparé de celui

de la production, les transformateurs sont dits : *différés;* tels sont les accumulateurs. Quand les appareils comportent des organes mobiles, on a affaire aux *transformateurs tournants ;* lorsqu'ils ne possèdent que des circuits fixes, ce sont des *transformateurs statiques.*

On a encore adopté une autre classification pour ces

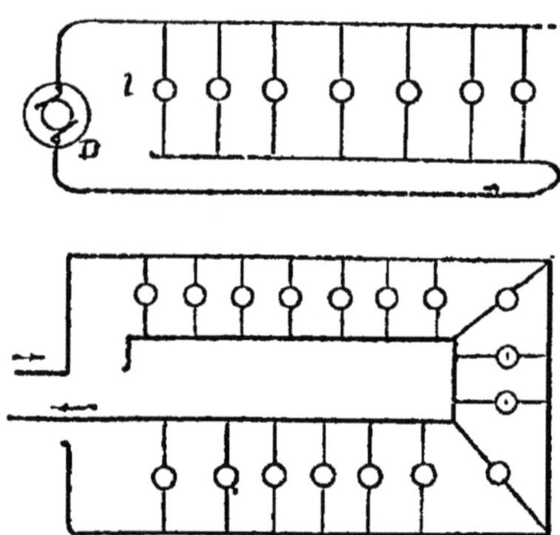

Fig. 26 et 27. — Circuits bouclés ou en ceinture.

appareils, suivant qu'ils sont ou non destinés à changer la forme des courants. On distingue les transformateurs *homomorphiques* et les transformateurs *polymorphiques*, les premiers ne faisant que modifier les constantes d'intensité et de tension du courant les traversant, les autres recevant un courant primaire de forme déterminée et rendant un courant secondaire de forme différente, dont les constantes sont également différentes. En d'autres termes, les transformateurs homomorphiques alimentés de courant continu rendent du courant continu, ou des courants alternatifs s'ils reçoivent des courants de ce genre, alors que les transformateurs polymorphiques rendent du courant continu alors qu'ils sont traversés par du courant alternatifs, ou inversement, que ces courants soient monophasés ou polyphasés. On voit les différences caractérisant ces deux catégories d'appareils.

Transformateurs tournants. — Les transformateurs directs de courant continu se composent d'une carcasse d'induit de dynamo ordinaire, entourée de deux enroulements distincts : le premier traversé par le courant primaire, le second produisant par induction un courant d'intensité et de tension différente, ces différences étant en raison du rapport du nombre de spires de fil existant dans chaque enroulement. Dans cet agencement, la réaction d'induit est nulle sous toutes les charges, la vitesse angulaire est considérable, ce qui restreint les dimensions de l'appareil pour une puissance donnée et le rend économique. Il n'y a pas de décalage des balais, pas d'étincelles au collecteur, et le rendement atteint 92 p. 100 à pleine charge. Le seul inconvénient réside dans la proximité des enroulements, qui s'influencent et réclament par suite un isolement parfait. La tension secondaire est fonction de la tension primaire.

On peut également, ainsi que nous l'avons expliqué précédemment, procéder par voie indirecte, en accouplant ensemble deux dynamos distinctes, fonctionnant, l'une comme réceptrice et l'autre comme génératrice. C'est ainsi que les *survolteurs* sont des dynamos excitées en série et actionnées par des moteurs électriques shunt à vitesse constante. La force électromotrice varie suivant le débit, afin de compenser automatiquement les pertes dans les circuits.

Les groupes moteurs-générateurs désignés sous les noms de compensatrices, égalisatrices, régulatrices, sont des dynamos dont l'induit agit indifféremment comme organe moteur ou générateur dès que la différence de potentiel entre ses bornes tend à être plus grande ou plus petite que la valeur normale. On les utilise surtout sur les réseaux de distribution d'éclairage à plusieurs fils pour maintenir la constance et l'égalité de tension entre les différents *ponts* du réseau.

La distribution est donc nettement séparée du transport. Celui-ci s'effectue ordinairement à haute tension ; la génératrice produit un courant continu qui est envoyé au groupe moteur-générateur qui rend un courant continu d'intensité et de tension différentes de celles du courant transmis.

Mais c'est pour transformer en courant continu des courants alternatifs simples ou polyphasés que les transformateurs tournants rendent les plus grands services. Quand la transformation est directe et que le courant à modifier traverse le même enroulement, l'appareil est un *convertisseur*, une *commutatrice* ou une *permutatrice*. L'utilisation des circuits dans leur double rôle permet d'employer des fils de section relativement faible, de restreindre la réaction d'induit et d'utiliser un circuit magnétique de faible section, mais le collecteur conserve son importance.

Convertisseurs et commutatrices (fig. 28). — Les transformateurs polymorphiques les plus usités sont les convertisseurs, commutatrices, ou dynamos à bagues, constitués par un induit bipolaire ou multipolaire, à enroulement en anneau ou en tambour, muni d'un côté d'un collecteur et de l'autre de prises de courant ou bagues collectrices. Dans le cas d'une machine bipolaire, l'appareil alimenté de courant continu fournira du courant alternatif monophasé entre deux bagues reliées à deux points situés à 180° l'un de l'autre, du courant triphasé entre trois bagues reliées à trois points pris sur l'enroulement à 120° l'un de l'autre, des courants diphasés entre quatre bagues reliées à quatre points à 90°, et ainsi de suite. Il existe toutefois, entre la tension et les courants des convertisseurs, certaines relations qui dépendent de la transformation réalisée.

Les convertisseurs à deux bagues transformant en courant continu des courants alternatifs monophasés

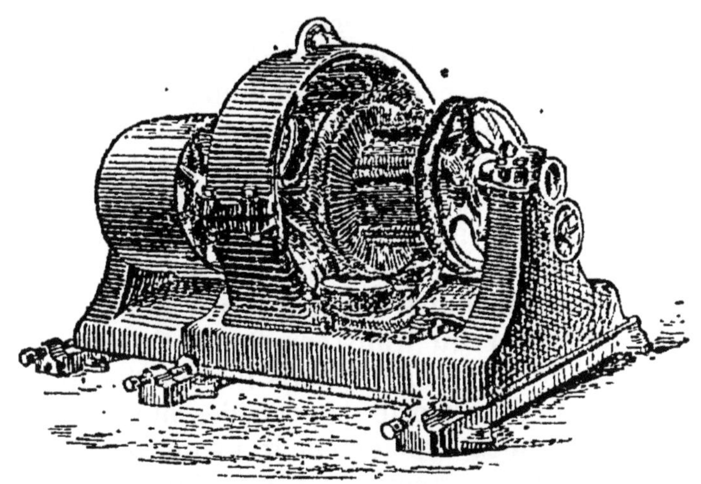

Fig. 28. — Commutatrice.

ne sont employés que pour des unités de puissance restreinte, les conditions de fonctionnement étant défectueuses et ne permettant pas d'atteindre la vitesse synchrone avec celle du courant alternatif. A courant égal dans les conducteurs, la différence de potentiel du courant continu n'est que les 71/100 de celle fournie efficacement au convertisseur. La fréquence est quelquefois réglée par l'excitation, lorsque la machine est destinée à transformer un courant continu en un courant alternatif simple.

Les convertisseurs à trois bagues transformant en triphasé le courant continu sont d'un emploi plus restreint que les modèles à six bagues et leur usage est beaucoup moins avantageux. Il en est de même des *permutatrices*, dont de nombreux dispositifs ont été étudiés au cours de ces dernières années, notamment par les électriciens Zipernowski et Déri, Maurice Leblanc, Blondel, Sahulka et Rougé-Fayet. Les organes essentiels composant une machine de ce dernier système sont : 1° un transformateur fixe à champ tournant, à circuit magnétique fermé portant deux enroulements fixes, distincts ou communs, suivant le cas ; 2° un collecteur fixe dont les lames sont respectivement reliées aux bobines des deux enroulements du transformateur ; enfin 3° un équipage de frotteurs mobiles, ou balais, tournant synchroniquement avec la variation du courant d'alimentation, et transformant en courant continu par l'intermédiaire du collecteur, le courant induit dans le collecteur du transformateur. Ce dispositif est évidemment fort ingénieux, mais il a dû être abandonné par suite de la découverte de procédés plus simples permettant d'atteindre exactement le même but.

Transformateurs, soupapes ou *clapets électrolytiques.* — Il est de très nombreuses circonstances où le courant distribué par une station centrale d'électricité ne saurait convenir pour alimenter divers appareils. Tel est le cas pour la charge des batteries d'accumulateurs, l'électrolyse et la galvanoplastie, le fonctionnement des bobines de Ruhmkorff et autres appareils électro-médicaux, etc., qui exigent du courant continu alors que le secteur ne fournit que des courants alternatifs à une ou plusieurs phases, et de fréquence variant avec chacun d'eux. Il existe encore un moyen de transformer en courant continu les courants alternatifs sans passer par les machines commutatrices, convertisseurs ou permutatrices, et ce moyen consiste à produire, à l'aide d'un phénomène électrolytique le redressement de la phase inverse du courant alternatif, de façon à obtenir un courant dant la sinusoïde est à peine sensible.

Les appareils permettant d'obtenir ce résultat sont désignés sous le nom de *clapets* ou *soupapes électrolytiques*, et ils sont basés sur les recherches de Planté (1859), Ducretet (1875), Caël (1878), Graetz, Pollak, Hulin et Leblanc (1900), enfin Nodon, Buff et Faria en 1905. Le phénomène observé est le suivant : lorsqu'on fait passer un courant dans une cuve électrolytique dont les électrodes sont, l'une en aluminium et l'autre en plomb, on remarque que le courant circule facilement lorsque l'aluminium est *cathode*, c'est-à-dire électrode négative, alors qu'il est interrompu si l'aluminium est *anode*, ou électrode positive. Une couche d'alumine se forme instantanément et oppose une très grande résistance à la propagation de l'électricité. Ce phénomène a paru de nature à pouvoir se prêter à certaines applications industrielles, et c'est ainsi qu'on a tiré parti pour constituer les transformateurs à effets électrolytiques, après toutefois être parvenu à éliminer la polarisation qui ne tardait pas à survenir après quelques instants de fonctionnement, à éviter l'échauffement exagéré de l'appareil et faire que le rendement devînt indépendant de la température. même dans le cas d'une surcharge momentanée supérieure de plus du double à la charge normale.

Dans le modèle de Faria construit par Ducretet, l'électrolyte, constitué par une solution neutre et saturée de phosphate d'ammoniaque, circule constamment autour de la lame d'aluminium, ce qui évite la production d'alumine à la surface de cette lame ; la température ne peut s'élever au-dessus de certaines limites déterminées et le fonctionnement est assuré pendant une longue période pouvant atteindre plusieurs heures sans aucun arrêt, enfin l'intensité du courant peut être momentanément poussée à deux ou trois fois au-dessus de sa valeur normale pour une expérience de peu de durée. Le rendement est d'environ 65 p. 100 des watts fournis par la source de courants alternatifs.

Les électrodes du transformateur électrolytique sont d'un prix peu élevé et leur usure est très lente ; les électrodes positives sont constituées par des tubes en plomb antimonié portant à leur périphérie une série de fenêtres ou trous allongés permettant la libre circulation du liquide. L'appareil se compose de quatre bacs verticaux, disposés côte à côte, et permet d'utiliser l'énergie pendant toute la durée de la période du courant alternatif. Ils sont groupés ensemble suivant différentes méthodes, selon qu'il s'agit de courant monophasé ou à plusieurs phases.

Un des principaux avantages fournis par les courants sinusoïdaux réside dans la facilité avec laquelle on peut modifier leurs constantes d'intensité en fonction de la différence de potentiel, alors que le courant continu se montre réfractaire à ces variations. Il en résulte que, lorsqu'un appareil quelconque demande, pour fonctionner, une force électromotrice de 10 volts, alors que l'on ne dispose que d'une canalisation débitant du courant continu à la tension de 110 volts, il faut abaisser cette tension au chiffre voulu par l'intermédiaire d'un rhéostat absorbant cette différence et gaspillant les 9 dixièmes de l'énergie dépensée. Or, si le courant distribué par le secteur est alternatif, ce gaspillage peut être évité en intercalant sur la conduite, au point d'arrivée un transformateur *dévolteur* abaissant au chiffre voulu, et avec une perte de 5 à 10 p. 100 au plus d'énergie, le voltage du courant. Si ensuite on a besoin, non de courant alternatif mais de courant continu, on réunit ce transformateur dévolteur à un transformateur électrolytique qui redresse les phases inverses et donne un courant sensiblement continu. Les applications de ce genre de transformateur sont nombreuses, l'appareil étant beaucoup plus simple et moins coûteux qu'un transformateur mécanique : convertisseur ou commutatrice.

Transformateurs homomorphiques statiques. — Cette catégorie de transformateurs est caractérisée par l'absence complète de tout organe mobile ; leur rôle consiste, soit à élever le voltage d'un courant alternatif simple ou polyphasé produit par un alternateur, en réduisant l'intensité de ce courant, soit, au contraire, à abaisser la tension en élevant l'intensité, sans changer rien aux phases ou à la fréquence du courant venant de la source. Ces résultats sont obtenus simplement par effets d'induction comme dans les dynamos ou la bobine de Ruhmkorff.

On peut ranger les transformateurs en deux catégories principales : la première caractérisée par un circuit magnétique *ouvert*, l'autre ayant un circuit magnétique *fermé*. Les premiers ont l'inconvénient de présenter une *réluctance* élevée et donnent lieu à des pertes sensibles de flux magnétique. Aussi ne sont-ils plus guère employés et le seul système dont on trouve encore des applications est celui de Swinburn, dit transformateur *hérisson*, utilisé lorsque l'appareil doit fréquemment travailler sous charge réduite, et qui possède cependant un rendement assez satisfaisant, quoique inférieur aux modèles à circuit fermé.

Dans ces derniers, le circuit magnétique est simple ou double. Dans le premier cas, la carcasse est constituée par des tôles de 3 à 5 dixièmes de millimètres d'épaisseur, isolées l'une de l'autre par du papier ou une couche de vernis à la gomme-laque. Les circuits peuvent être disposés de trois manières différentes sur ce

4

noyau, Les enroulements peuvent être superposés, pour éviter les pertes de flux, mais la construction est difficile et l'isolement aléatoire, ou bien les deux circuits sont complètement séparés l'un de l'autre, ce qui peut donner lieu encore à des pertes de flux magnétique ainsi qu'à une baisse de tension aux bornes du secondaire. Enfin, dans un troisième procédé le circuit magnétique unique est entouré de bobines primaires et secondaires alternées.

Les transformateurs à double circuit magnétique se présentent sous deux aspects différents. Dans la première catégorie, le noyau est commun et les lignes de force bifurquent pour rejoindre les faces polaires par des chemins différents. On obtient ainsi une forme dite *cuirassée* qui présente certains avantages au point de vue des pertes dans le cuivre, mais le volume du fer étant un peu augmenté, les pertes magnétiques se trouvent accrues, et, d'autre part, le refroidissement est plus difficile à obtenir. C'est là le cas pour les transformateurs du système Westinghouse, dont les tôles sont découpées de manière à rappeler le contour de la lettre E.

La deuxième disposition donnée aux enroulements consiste à les superposer, ce qui a pour effet de diminuer les pertes de flux dans une certaine mesure. Cet agencement se rencontre dans de nombreux modèles ; le noyau est fait en feuilles de tôle mince, repliées, les unes au-dessus des enroulements les autres au-dessous. Le circuit magnétique ainsi bifurqué est fermé par deux pièces de fonte constituant la carcasse ou bâti et le socle de l'appareil.

Les enroulements des transformateurs système Labour sont opérés sur des bobines rectangulaires en matière isolante imprégnée à chaud de gomme-laque et de bitume de Judée. Ces bobines sont enfilées sur le noyau feuilleté, l'une dans l'autre, le circuit secondaire à l'intérieur et le primaire à l'extérieur. Quand ces bobines sont placées sur les deux branches en V de l'appareil, un tampon cylindrique, également composé de tôles minces réunies est emmanché à force dans l'espace circulaire laissé vide entre les plaques, et ferme le circuit. L'appareil est disposé ensuite sur son socle de fonte et muni de ses bornes pour l'attache des fils du circuit. S'il est placé à l'extérieur et exposé aux intempéries, ou s'il doit supporter des tensions supérieures à 3.000 volts, il est agencé à l'intérieur d'un récipient en fonte extérieurement garni d'ailettes, et le vide est rempli de paraffine fondant à 35 degrés.

LES CANALISATIONS ÉLECTRIQUES

Les câbles principaux transportant l'énergie électrique de l'usine génératrice au centre à éclairer, et transportant des courants de grande intensité, sont constitués par une série de fils cylindriques de faible diamètre, réunis en torons de manière à conserver une certaine souplesse, malgré la grande section présentée par le câble. Au centre se trouve un fil tendu suivant l'axe, et sur lequel on superpose les couches supérieures, comprenant successivement 6, 12, 18, 24 brins ou davantage. Le pas de l'hélice tracée par un fil est de 9 fois le diamètre du câble, y compris la couche à enrouler ; la longueur des fils se trouve réduite de 5 p. 100 environ par ce câblage.

On ne dépasse généralement pas le chiffre de 91 fils pour un câble ; au dessus, on préfère associer plusieurs torons, ce qui donne un câble *en grelin* pouvant, suivant la section qui lui est donnée, transporter des courants de toute intensité.

Le métal presque uniquement employé pour les canalisations électriques est le cuivre à haute conductibilité, dit *cuivre électro*. Il est livré aux fabricants sous forme de barres, soit en bottes, soit en couronnes, emballées dans des tonneaux qui en contiennent 300 kilogrammes.

On donne la forme cylindrique aux câbles et fils conducteurs parce que cette forme, à égalité de section droite, présente le pourtour minimum et économise par suite la matière isolante devant recouvrir le métal. La capacité électrostatique d'un conducteur est également minimum avec une barre de section circulaire.

La détermination du diamètre des fils électriques s'opère au moyen d'un petit instrument appelé *palmer*, comportant une vis à pas très court, et s'évalue en millimètres ou dixièmes de millimètre. On dira plutôt, du *trente-dixième* (30/10) que du fil de 3 millimètres, par exemple. On se sert aussi, surtout pour les fils fins, des *jauges*, qui se composent d'un disque en acier portant à sa circonférence une série d'encoches de largeur progressivement croissante. On prend la mesure en cherchant l'entaille dans laquelle le fil peut pénétrer à frottement doux ; les numéros correspondent à une graduation spéciale : la jauge dite *carcasse* s'emploie pour les fils très fins.

Les isolants. — Les conducteurs doivent posséder une haute conductibilité en même temps que les plus grandes facilités de refroidissement ; ils sont recouverts de matière particulière ou *isolants*, ayant pour but d'éviter toute déperdition d'énergie par suite d'un contact accidentel avec le sol. Ces matières sont l'ébonite ou caoutchouc durci, la gutta-percha, le caoutchouc vulcanisé et quelques autres produits minéraux. La couche isolante recouvrant le métal doit être aussi mince que possible pour faciliter le refroidissement.

Il est prudent de vérifier de temps à autre, par une inspection attentive des lignes, l'état de conservation de l'isolement des canalisations.

L'isolant, détaché du conducteur et placé sur une enclume, ne doit pas se briser quand on le bat avec un marteau. Le bon caoutchouc reprend immédiatement sa forme, la gutta au bout de quelques instants. Vieux l'un et l'autre ils éclatent et s'émiettent sous le marteau. Les isolants qui éclatent ou se fendillent sous le choc doivent être rejetés, car un choc accidentel pourrait engendrer les mêmes effets nuisibles et compromettre aussi l'intégrité de la canalisation.

La gutta employée pour l'isolement des conduites électriques est une gomme-résine récoltée par incision au tronc de certaines plantes du genre isonandra, croissant surtout en Malaisie. Elle renferme de 50 à 60 p. 100 de gomme pure, 2 à 6 p. 100 d'eau et 35 à 45 pour 100 de résines étrangères, dénommées albane et fluavile, et solubles dans l'alcool et l'éther qui ne dissolvent pas la gutta pure ; celle-ci ne se dissout que dans la benzine et le sulfure de carbone.

La gutta possède une densité de 0,98 ; elle se ramollit déjà à la température de 37° C, devient plastique à 50°, fond et se résinifie entre 100 et 120°. Chauffée entre 100 et 110° dans une atmosphère sèche, elle dégage toute son eau et se résinifie ; elle ne se conserve bien qu'à l'abri de l'air, c'est-à-dire plongée dans l'eau. Toutefois la présence d'une proportion élevée d'eau dans la gutta a pour effet de diminuer sa résistivité et accélérer sa résinification à l'air ; il ne faut pas dépasser une teneur de plus de 5 p. 100.

Le caoutchouc est aussi le produit d'un végétal et provient de certaines euphorbiacées ; c'est surtout au Brésil qu'on le récolte et qu'il fait l'objet d'un commerce important. Son prix s'est notablement accru, à mesure que les besoins s'accroissaient et que les demandes de l'industrie devenaient plus nombreuses et pressantes, et cette hausse ne paraît pas encore proche du moment où elle cessera, soit par suite de la découverte d'autres forêts d'arbres à caoutchouc, soit ce qui est également possible, en raison de l'invention d'un isolant artificiel susceptible de le remplacer.

La composition du suc laiteux naturel est la suivante :

Gomme pure....................	32	pour	100
Eau	56	—	—
Matières albuminoïdes.........	2	—	—
Substances azotées	10	—	—

Le caoutchouc arrive du Brésil en boules obtenues en trempant un moule en forme de poire dans le suc, en faisant sécher au feu le liquide adhérent et en recommençant jusqu'à ce que la grosseur voulue soit atteinte. Avant de faire usage de cette matière brute, souvent mélangée de substances étrangères, il faut la faire passer dans une série de machines pour la déchiqueter, l'épurer et la malaxer. Enfin, comme le caoutchouc naturel ne tarde pas à durcir et à se résinifier, on le mélange avec une certaine proportion de soufre, et on le vulcanise dans une étuve à haute température. Dans cet état, il peut alors servir aux différents besoins industriels ; toutefois, il s'altère à la longue, se sèche, se fendille et perd ses qualités de souplesse et d'élasticité. C'est pourquoi on a songé souvent à remplacer le caoutchouc, par d'autres matières pouvant, comme lui, assurer l'isolement des conducteurs, et de prix moins élevé que ce corps ou que la gutta.

Lorsque les câbles sont *armés*, c'est-à-dire protégés par une armature de fil de fer, ce métal est attaqué par l'acide acétique résultant de l'action de la créosote sur les moulures en bois qui en sont imprégnées. Au bout de deux ans de contact, la corrosion peut atteindre 3 millimètres d'épaisseur. L'armature de plomb exécutée mécaniquement est préférable ; le câble et une lame de plomb sont enroulés ensemble sur un tambour et conduits ensemble à une filière qui plie en V la lame sur le câble ; le conducteur et la gouttière de plomb passent ensuite entre deux galets à gorge qui rabattent l'une sur l'autre les lèvres de la lame ; celles-ci sont suiffées puis soudées à l'aide d'une lampe à souder.

Fig. 29. — Câble armé.

Enfin le câble passe dans une filière qui étire légèrement le plomb et assure le contact parfait entre le métal et le conducteur.

Les câbles sous fer sont tirés dans des tubes en fer, mais le manque de flexibilité d'une pareille armature empêche de l'employer autre part que dans certaines constructions humides. Siemens a proposé de lui substituer une bande d'acier enroulée en spirale autour du câble à protéger, mais cette disposition ne vaut pas encore celle qui consiste à recouvrir le câble, préalablement recouvert d'une matelassure en jute entourant l'isolant, d'une couche de fils d'acier juxtaposés et enroulés en hélice à l'aide d'une machine à armer. Au lieu d'une matelassure, on emploie quelquefois deux guipages tordus en sens inverse l'un de l'autre et imprégnés de matières bitumineuses ou goudronneuses. Le conducteur peut également être déjà recouvert d'une enveloppe en plomb, quand on veut avoir un isolement parfait et une grande solidité.

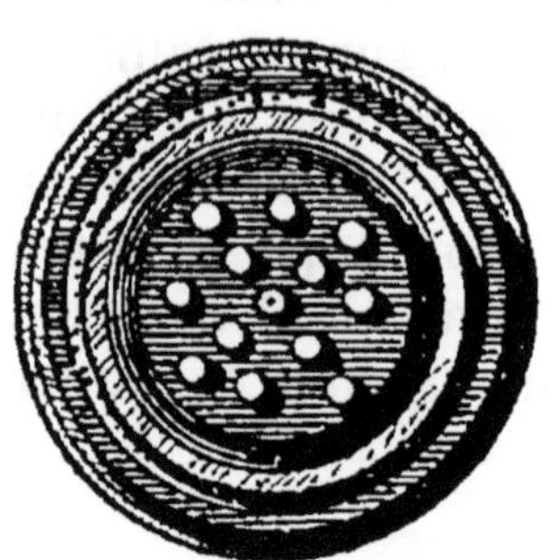

Fig. 30. — Câble de distribution (coupe).

Il existe encore d'autres systèmes de câbles pour canalisations électriques dans lesquels un câble central est entouré d'une enveloppe concentrique formée de plusieurs torons disposés en cercle. Dans un type qui fut en service à l'usine des Halles Centrales de Paris, le conducteur central comprenait 19 brins étamés de 2 millimètres recouverts d'une couche de caout-

Fig. 31. — Câble de distribution à haut isolement et vu de face.

chouc Para, de trois couches de caoutchouc blanc et d'une couche de caoutchouc noir. La couronne concentrique comprenait 24 fils étamés de 1,8^{mm} isolés comme le conducteur central. Le cylindre formé par cette réunion de fils était ensuite recouvert d'une couche de caoutchouc noir, de deux rubans caoutchoutés, d'une couche de chanvre imprégné de résine et de deux rubans de coton. Le tout était armé par un tube de plomb de 2,5 millimètres d'épaisseur entouré finalement d'un filin bitumé.

Canalisations intérieures. — Pour les canalisations à l'intérieur des habitations, il n'est fait usage que des fils soigneusement isolés à la gutta ou au caoutchouc, recouverts ensuite de une ou plusieurs ganses ou *guipages* de coton, quelquefois de soie ou de ruban chattertonné. Ces fils sont tendus le long des murs, entre des isolateurs en porcelaine de forme variable, ou à l'intérieur de planchettes découpées, recouvertes d'un couvercle et connues sous le nom générique de moulures. Dans les traversées des murs, les fils passent dans des tubes en verre ou en laiton, intérieurement doublé d'un tuyau de caoutchouc. Enfin, on se sert encore, au lieu de moulures, de tubes en acier ou en carton bitumé.

Les tuyaux en carton bitumé ont un diamètre variant de 7 à 50 millimètres de diamètre et possédant une grande légèreté et une grande rigidité. Ils se fixent le long des murs, à la partie supérieure des pièces, près de la corniche, et on les maintient en place à l'aide d'agrafes ou de colliers de laiton fixés aux murs par des clous. Toutes les fois que la chose est possible, notamment dans les constructions nouvelles, les tuyaux sont installés directement dans les murs et recouverts de plâtre, leurs extrémités seules sont laissées libres pour recevoir des boîtes de jonction ou de dérivation, mais il faut éviter l'usage du ciment qui corrode la matière des tubes.

Les tuyaux en papier bitumé sont fabriqués par longueurs de 3 mètres pour faciliter le transport et la mise en place ; les jonctions sont opérées sur place. Les deux extrémités des tuyaux à relier sont d'abord coupées bien droites ; on enlève ensuite les bavures, on introduit les deux tuyaux dans un tube de laiton de quelques centimètres de longueur et d'un diamètre un peu supérieur, puis on les rapproche l'un de l'autre jusqu'à les faire se toucher. A l'aide d'une pince à sertir, on serre le tube de laiton en divers points, ce qui permet de faire pénétrer ce dernier dans le tuyau isolant et d'établir une jonction parfaite. Une fois les tuyaux mis en place, on introduit les fils à l'intérieur ; on y insuffle d'abord du talc pulvérisé pour faciliter leur glissement, et on les attache à une tige d'acier ou à un fil de fer que l'on fait sortir à l'autre bout et que l'on tire doucement jusqu'à ce que le ou les conducteurs apparaissent.

Suivant les nombreux détours que les fils ont souvent à faire dans un appartement, les tubes doivent être contournés en coudes plus ou moins brusques, mais le cas a été prévu et il existe un assortiment de coudes pour répondre à tous les besoins. Quand il y a plusieurs dérivations à réunir, on fait plutôt usage de boîtes de jonction en carton bitumé présentant la forme d'un petit coffret ou d'un cylindre, avec des ouvertures sur les côtés en nombre variable pour recevoir plusieurs tuyaux venant de directions différentes. C'est à l'intérieur de ces boîtes que s'effectuent les jonctions des fils, soit avec des coupe-circuits, des prises de courant ou des commutateurs. Lorsque ces boîtes sont dissimulées dans le mur, un petit couvercle laisse deviner la place où elles sont situées, ce qui est indispensable pour la visite des jonctions ou des appareils.

Ce genre de canalisations n'est pas beaucoup plus coûteux que les moulures ordinaires en sapin, avec couvercles de profils variés ; il se met en place sans difficultés et fournit un très bon isolement.

Les câbles pour distributions d'éclairage se fabriquent de toutes sections, depuis 10 jusqu'à 200 millimètres carrés et plus. Le diamètre des fils composant le toron est de 1 millimètre, 1^{mm} 5 et 1^{mm} 8, ou encore de 1^{mm} 14, ce qui donne exactement une section de 1 millimètre carré. Il suffit, dans ce dernier cas, de compter le nombre des fils du toron pour reconnaître aussitôt la section totale du câble. La résistance linéaire à zéro d'un fil de 1 millimètre carré de section et de 1 kilomètre de longueur est de 16 ohms 3. En divisant ce chiffre par le nombre des fils du toron, on obtient la résistance kilométrique du câble.

Les fils de dérivation pour la lumière électrique mesurent 8/10, 10/10, 12/10 et 15 dixièmes de millimètres de diamètre. On ne va guère au-dessus de 3 à 4 millimètres pour les fils de branchement ; au dessus on emploie toujours des torons de fil fin, qui présentent l'avantage de pouvoir se plier beaucoup plus facilement et sans danger de faire éclater l'isolant qui les entoure.

Lorsque l'installation des canalisations est terminée, il faut vérifier si l'isolement est suffisant et voir si l'on n'a ni dérivations ni pertes à la terre. On divise donc les lignes en tronçons aussi courts que possible et on essaie l'isolement de ces tronçons au galvanomètre. Il y a un défaut dans la canalisation quand les lampes d'un branchement ne donnent pas leur lumière normale, quoiqu'elles soient en bon état. Ce défaut peut provenir d'un court-circuit entre des fils dont l'isolant a été détruit pour une cause quelconque ; lorsqu'on utilise le courant de la dynamo d'éclairage pour rechercher une perte à la terre cette machine doit tourner beaucoup moins vite qu'à son allure normale afin de diminuer l'intensité du courant. On commence par toucher successivement les deux pôles avec un fil en dérivation à la terre, et on le promène de proche en proche le long des conducteurs jusqu'à ce qu'on ait découvert le point défectueux. Il arrive fréquemment que ce défaut se trouve au point de jonction des fils de branchement secondaires animant le courant de la conduite principale aux lampes et résulte d'une soudure mal exécutée ou d'un contact irrégulier. Il se produit souvent aussi des court-circuits entre les points d'attache des fils de dérivation aux lampes, par suite du contact de la partie dénudée de ces conducteurs avec une partie métallique des supports d'éclairage. La vérification de l'isolement d'une canalisation est habituellement faite au fur et à mesure de l'installation ; chaque section est inspectée à part à l'aide du galvanomètre, et on procède ensuite à un essai général lorsque le réseau est complet. Quand les conducteurs sont en bon état, ainsi que leurs supports, il ne doit pas exister de dérivations à la terre.

Dans les distributions de courants continus à haute tension, la résistance anormale provenant d'un défaut d'isolement des câbles principaux et secondaires est quelquefois si considérable qu'on ne peut la reconnaître à l'aide du galvanomètre et il est de toute nécessité d'employer le courant de la dynamo à cette recherche. Dans ce cas, il faut prendre des précautions minutieuses et agir avec la plus grande prudence pour éviter tout accident.

Lorsque le courant à transmettre à un réseau de distribution d'éclairage ne présente qu'une faible tension : de 50 à 200 volts en moyenne, les canalisations sont à fil ou en cuivre simple ou compound, en bronze phosphoreux ou silicieux, ou encore en cuivre recouvert d'isolant à base de gutta ou de caoutchouc. Les canalisations à haute tension se font en fils nus, pour faciliter leur refroidissement par l'air ; ces fils sont supportés par des isolateurs fixés à l'aide de consoles sur des poteaux élevés.

La section et la nature des conducteurs à adopter pour une installation donnée dépendent donc de plusieurs facteurs, dont les plus importants sont : 1° les exigences de la distribution ; 2° la perte de charge consentie en fonction de la puissance transmise et qui varie, comme cela a déjà été dit, de 2 à 10 p. 100 ; 3° les prix relatifs de l'énergie électrique et de l'amortissement du capital représenté par la canalisation ; 4° la sécurité résultant de la nature, de la section et de l'emplacement des conducteurs. Il est donc, par conséquent, assez difficile de donner une formule générale, mais on peut cependant déterminer, dans chaque installation nouvelle, les meilleures dispositions qu'il convient d'adopter pour répondre aux diverses exigences énumérées.

A égalité de section, les fils de cuivre nus peuvent transporter des courants plus intenses que ceux qui sont recouverts d'isolants ; chaque fois qu'il est possible de les utiliser sans danger, on doit les choisir de préférence à tous autres, d'autant plus que leur prix est moins élevé. Nus ou recouverts, les fils et les câbles sont, soit disposés souterrainement, dans des tuyaux en fonte ou des caniveaux en ciment noyés dans le sol, soit tendus sur des poteaux, comme les lignes télégraphiques. On donne à cette dernière disposition, qui est très employée, le nom de *canalisation aérienne*.

L'emploi de fils aériens présente de grands avantages, tant au point de vue de la dépense de premier établissement de la ligne qu'à celui de la facilité de pose, de réparation, et de montage des dérivations ou lignes secondaires.

Lignes aériennes. — Une ligne aérienne comprend deux parties distinctes : le conducteur proprement dit et ses supports, qui sont composés de poteaux et d'isolateurs en porcelaine. Le diamètre, la hauteur et l'agencement des poteaux est variable, suivant le nombre de conducteurs qu'ils sont appelés à recevoir, et leur emplacement. Les poteaux sont en bois de sapin injecté au sulfate de cuivre pour être imputrescibles, et goudronnés à leur base. Ils sont simples ou doubles ; dans ce dernier cas, ils sont dits *couples* ou *jumelés*. Lorsqu'ils doivent résister à un grand effort de traction, comme c'est le cas dans les points où la ligne change de direction, une contrefiche ou jambe de force vient s'appuyer contre eux à mi-hauteur ou au sommet pour les consolider et éviter tout danger d'arrachement. Dans les villes, au lieu de poteaux en bois, on se sert de poteaux en fer ou en fonte d'aspect moins disgracieux ; on fait également usage de *potelets* ou de fers zorés ou à double T reliés aux murs des maisons par des entretoises noyées dans la maçonnerie. Ces potelets ou ces poteaux reçoivent, par l'intermédiaire de tiges de scellement ou de consoles en fer, longues ou courtes, les isolateurs sur lesquels les conducteurs viennent reposer directement.

Différentes matières ont été essayées pour fabriquer ces isolateurs, mais la seule qui soit restée en service d'une manière générale, est la porcelaine émaillée. L'isolateur doit, en effet, satisfaire aux conditions suivantes : il ne doit pas condenser l'humidité à sa surface, les gouttes d'eau de pluie doivent se diviser en gouttelettes isolées les unes des autres et ne pas former une nappe d'eau continue ; l'évaporation doit être obtenue facilement, et les poussières ne doivent pas s'amasser sur la porcelaine. Le verre ne présente pas ces avantages, c'est pourquoi il a dû être abandonné.

Isolateurs. — Il existe deux catégories principales d'isolateurs : ceux pour conducteurs à basse tension, et ceux pour lignes de haute tension ; nous décrirons les modèles principaux employés dans les canalisations industrielles.

La forme des isolateurs est celle d'un cylindre ou d'une petite cloche.

L'isolateur à simple cloche présente la forme d'un cylindre creux surmonté d'une tête centrale évidée et de deux ergots latéraux ; le conducteur se place entre la tête et l'un des ergots. Pour éviter que les chocs et les balancements dus au vent en fassent sortir le fil de l'encoche, on le fixe à l'aide d'un fil fin qui se loge dans l'évidement de la tête et serre le câble dans une position fixe. La tête de l olateur est creuse pour recevoir, par un scellement au soufre la console de support.

Dans le type à gorge supérieure, la disposition interne est la même que dans le précédent ; la tête porte à sa partie supérieure une rainure qui reçoit le conducteur. Cette rainure est quelquefois infléchie à ses deux extrémités pour mieux épouser la forme du conducteur. Quand on veut protéger la porcelaine contre les chocs, on l'enferme à l'intérieur d'une enveloppe métallique qui vient se visser sur la tête de l'isolateur et porte soit des oreilles, soit une rainure pour recevoir le fil.

Afin d'atténuer les pertes par le support de l'isolateur, soit du fait de l'humidité, soit de celui des poussières déposées par le vent, on fait cette pièce à double cloche concentrique et elle ne diffère de celle à simple cloche que par sa conformation intérieure. L'isolement obtenu est, toutes choses égales d'ailleurs, environ deux fois plus élevé ; on conçoit sans peine, en effet, que l'humidité ou la pluie condensée extérieurement ait plus de difficulté à monter deux fois le long des parois internes pour atteindre le support.

Lorsque le conducteur doit changer de direction sur

l'isolateur, celui-ci est pourvu d'une oreille sur laquelle on fixe le fil au moyen d'une ligature. On peut encore faire usage d'un modèle à cloche, dont la tête est sphérique et percée d'un trou central par où passe le fil. Enfin, pour les *entrées de poste*, par où les fils et câbles pénètrent à l'intérieur des bâtiments, on fait usage d'isolateurs de deux pièces de forme particulières rappelant celle d'une pipe entourée d'une collerette percée de trous. Cette pipe est placée l'ouverture tournée vers la terre, et les conducteurs y pénètrent de bas en haut, venant d'un isolateur voisin. A l'intérieur des bâtiments les fils sont tendus sur des poulies à gorge en porcelaine, de diamètre de 20 à 120 millimètres, souvent pourvues d'une embase d'épaisseur en rapport.

Le transport des courants de haute tension, continus ou alternatifs, nécessite des supports spéciaux de haut isolement et dont la disposition s'oppose à toute occasion de pertes par l'humidité ou les poussières. Il existe donc des modèles créés dans ce but, d'isolateurs cylindriques, à triple cloche concentrique, et d'isolateurs à huile composés de deux pièces séparées par un ou deux bains d'huile lourde. Ce support se trouve ainsi divisé en deux parties, dont l'une, en contact avec la console de métal, se trouve complètement isolée de l'atmosphère. Aucune dérivation n'est donc à craindre, grâce à cette disposition, et l'on n'a pas à redouter de dérivations à la terre, quelle que soit la tension du courant transporté par la ligne.

CHAPITRE III

Les applications de l'électricité

Pendant plus d'un siècle, on pourrait dire jusqu'au moment de l'invention de la dynamo par Gramme, l'électricité était restée plutôt une curiosité de laboratoire, une branche intéressante de la physique, et la seule application qui eût pris quelque importance était la télégraphie. La dynamo, qui permet d'obtenir économiquement des quantités quelconques d'électricité fit passer cette science dans le domaine industriel, et ce fut l'éclairage qui bénéficia en premier lieu de ce progrès. Les machines se perfectionnant à mesure qu'elles étaient mieux connues, les usages du courant se développèrent. Les moteurs électriques furent appliqués à la commande des machines-outils les plus diverses, puis à la traction des véhicules, électromobiles, tramways sur rails et même chemins de fer. Ils pénétrèrent dans les mines, pour actionner les perforatrices, les haveuses, les ventilateurs, les pompes, puis dans les théâtres, la marine, les ateliers, et on peut affirmer qu'il n'est presque plus aujourd'hui d'industrie qui ne soit peu ou prou tributaire de l'électricité. Et, en même temps que les emplois de la dynamo s'étendaient dans les villes, des usines nouvelles se créaient dans les sites les plus sauvages des montagnes pour capter la force vive des torrents, de la « houille blanche » et, la transformer en énergie électrique puis en énergie calorifique, pour la fabrication, dans les hauts-fourneaux perfectionnés, du fer, de l'acier, de l'aluminium, des alliages du fer, du carbure de calcium, du chlore et des alcalis, des couleurs, etc. Partout l'électricité s'est insinuée et substituée avec avantage aux anciens procédés et aux méthodes surannées et coûteuses de traitement des matières premières et de leur façonnage.

Applications diverses de l'électricité. — Il est d'innombrables circonstances où l'énergie électrique, sous l'une ou l'autre de ses formes multiples, se rencontre, et que nous n'avons pas mentionnées. Signalons, entre autres, les applications à la thérapeutique, sous forme de courant continu, interrompu, d'induction, de haute tension et grande fréquence, et à la chirurgie pour les cautérisations, l'exploration des cavités du corps et des plaies, le traitement de certaines affections par le rayonnement extra-violet de l'arc voltaïque ou les bains de lumière, etc. Plusieurs pages seraient nécessaires rien que pour énumérer les applications réalisées de l'électricité depuis un quart de siècle. Citons au hasard l'horlogerie électrique et la transmission de l'heure à distance, le telphérage, la navigation sous-marine, à laquelle l'accumulateur électrique est indispensable, le tannage électrique des peaux, la rectification des alcools, la sénilisation des bois, la soudure autogène par l'électrothermie, les ascenseurs et monte-charges, les sémaphores et avertisseurs à distance pour chemins de fer, les enregistreurs et compteurs de toute espèce... Nous n'en finirions pas.

Les données scientifiques, les principes fondamentaux exposés au cours de ces pages indiquent le point de départ de chacune de ces conquêtes de la science, et permettent de se rendre compte du chemin parcouru depuis Volta, le créateur de la pile électrique, c'est-à-dire en un peu plus d'un siècle. Si du passé on peut augurer l'avenir, on peut affirmer que la liste des applications de l'énergie électrique est encore bien loin d'être close, et que cette science n'a pas dit son dernier mot.

En ce qui concerne les applications aux besoins de la vie usuelle, et qui font l'objet du présent ouvrage, il est évident que la plus importante est incontestablement celle qui est faite à l'éclairage. On peut placer ensuite la force motrice, la commande des appareils d'usage domestique, le téléphone, les avertisseurs et signaux divers, enfin le chauffage. Nous passerons rapidement en revue ces diverses applications de l'énergie électrique dans le présent ouvrage, après avoir donné auparavant quelques renseignements sur les générateurs usuels de courant, qui sont les piles, les accumulateurs et les dynamos.

LES PILES USUELLES

L'éclairage électrique par piles chimiques, employées seules, ou à charger des batteries d'accumulateurs, n'a plus de raison d'être, maintenant que l'on dispose de sources de courant plus constantes, plus énergiques et surtout coûtant bien moins cher d'entretien. Ces appareils générateurs ne sont donc plus guère usités, à l'intérieur des appartements, que pour actionner des appareils n'exigeant qu'une faible puissance, tels que les sonnettes d'appel et les téléphones, les petits ventilateurs. Pour la lumière, c'est tout au plus si on peut demander aux piles le courant nécessaire à l'alimentation d'une ou deux lampes, et encore pendant un temps assez court.

Quand on a besoin d'un courant constant, mais de

faible intensité, on peut faire appel à la pile au sulfate de cuivre, modèle à ballon, ou modèle sans vase poreux ; ce système très apprécié pour les besoins de la télégraphie peut quelquefois être remplacé avec avantage par des piles à liquide immobilisé (dites *piles sèches*), ou des accumulateurs. Si, au contraire, on veut obtenir un débit considérable, il faut recourir aux piles à acides, notamment à la pile Bunsen, qui fournit un courant très constant avec une intensité en rapport avec les dimensions des éléments. Le prix de revient de l'énergie est moins élevé avec ces modèles qu'avec les piles au bichromate, mais le maniement de l'acide azotique concentré est si désagréable, qu'on préférera souvent revenir au bichromate qui coûte beaucoup plus cher et procure un courant bien moins constant.

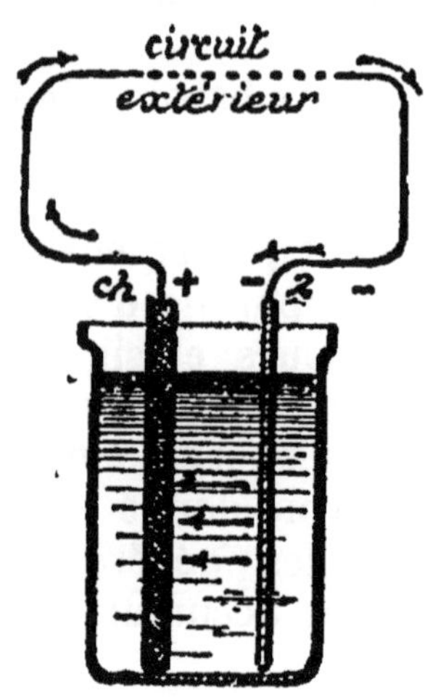

Fig. 32. — Schéma du fonctionnement de la pile.

Piles au bichromate. — Il existe deux types distincts de piles de ce genre, le premier ne comporte qu'un seul liquide assurant à la fois la réaction donnant naissance au courant et la dépolarisation permettant d'assurer sa constance, alors que dans l'autre, il y a deux liquides séparés l'un de l'autre par une cloison poreuse : le liquide excitateur, eau acidulée sulfurique au dixième, contenu dans un vase poreux et où plonge le zinc, et le dépolarisant, solution plus ou moins concentrée et acide, de bichromate de potasse ou de soude, renfermé dans un vase extérieur en grès, et où baigne l'électrode positive, en charbons agglomérés. Il existe un très grand nombre de variétés de piles au bichromate à un ou deux liquides, et parmi les meilleurs systèmes, il convient de citer les batteries dites *domestiques* de Radiguet, dans lesquelles la manipulation des liquides est supprimée grâce au *siphon* automatique du même inventeur. En appuyant doucement sur la boule de caoutchouc de ce siphon, on l'amorce, et, au contraire, en appuyant fortement, tout le liquide contenu à l'intérieur du tube se trouve chassé, et l'air s'introduisant dans la branche du siphon, le désamorce.

Pour la vidange des récipients, les siphons ordinaires, que l'on amorce par aspiration, ne peuvent être employés sans danger, car on pourrait, par suite de maladresse, faire pénétrer dans l'intérieur de la bouche la solution acide. Avec le système qui vient d'être décrit, tout accident est rendu impossible, et il n'est plus besoin de toucher l'extrémité inférieure du tube avec le doigt, ce qui avait le désagrément de mettre l'acide en contact avec la peau et de causer des taches désagréables.

Fig. 33. — Pile-bouteille au bichromate.

La pile au bichromate à deux liquides présente d'incontestables avantages sur le type à liquide unique, dans lequel le zinc est attaché aussitôt qu'on le plonge dans la dissolution acide. Ses constantes sont E (force électromotrice) 2 volts ; 3 (résistance intérieure) 0,2 ohm. Toutefois, il ne faut pas compter, en pratique, plus de 1,5 volt par élément, quand la canalisation présente une certaine longueur et que les lampes à incandescence à alimenter sont quelque peu éloignées de la batterie.

Soins à donner aux piles au bichromate à deux liquides. — Quelle que soit la formule de liquide excitateur appliquée, on commence par dissoudre le bichromate, préalablement concassé, dans de l'eau bien claire et non calcaire, et on remue avec une baguette de verre pour faciliter la dissolution. On verse ensuite l'acide lentement pour que l'échauffement résultant du mélange de l'acide et de l'eau se produise progressivement sans aucun danger de rupture du vase où l'on opère la préparation.

Pour faciliter la visite et l'entretien des éléments, il faut placer la batterie dans un endroit où l'on dispose d'un robinet d'eau, en même temps que d'un tuyau d'évacuation des liquides usés. Autrement, à défaut de cette conduite, il faudra recevoir ces liquides dans un seau de bois, genre seau d'écurie, enduit d'une couche de bitume de Judée.

Dans un appartement, la pile trouve sa place dans la cuisine, au-dessus de la pierre d'évier. Dans les hôtels particuliers, on la met le plus souvent dans les sous-sols où se rencontrent les mêmes commodités. Après avoir choisi l'emplacement convenable, on agence le support devant recevoir les éléments composant la batterie. Les dimensions de ce support varient, bien entendu, suivant le nombre d'éléments qu'il est destiné à porter. S'il s'agit d'une batterie de 6 éléments, on place les vases sur une seule ligne ; pour 12 éléments, on ménage une rigole d'écoulement dans le milieu du support et on range les piles par 6 de chaque côté. De cette manière, la longueur reste la même que pour une batterie de 6 éléments, et la longueur n'excède pas 45 centimètres.

La rigole d'écoulement doit être établie suivant une ligne de pente suffisante et recouverte d'une feuille de plomb sur toute la surface afin de préserver le bois des liquides expulsés, quoiqu'ils aient perdu toute action corrosive ; ils sont d'excellents désinfectants, et peuvent être envoyés sans crainte dans les tuyaux de descente en grès, fonte ou plomb. On peut également établir des supports à étagères, dans le genre des fruitiers d'hiver. Dans cette disposition, les liquides de la rangée du haut s'écoulent dans la rigole de la rangée immédiatement au-dessous pour que la dernière rigole du bas ait son écoulement à l'égout, ou dans le seau réservé à cet usage. Ajoutons enfin qu'une planche de 0,50 de longueur environ, destinée à recevoir les divers accessoires de la batterie : siphons, boule soufflante, vase à acide, pipette, pinceau, éprouvette et entonnoir, doit être fixée au-dessus des éléments. Le zinc de réserve trouve sa place sur le sol dans une boîte en bois.

Quand la pile a fourni dix heures de lumière, il faut changer l'eau acidulée des vases poreux, ce qui s'effectue rapidement à l'aide du siphon a amorçage automatique dont nous avons parlé. La dissolution dépolarisante de bichromate dure au moins cinq fois plus longtemps que l'eau acidulée, aussi ne doit-on la remplacer que lorsqu'elle a pris une couleur verdâtre prononcée. Il est inutile de forcer la dose d'acide sulfurique des vases poreux ou d'ajouter de cet acide lorsque le débit de la pile s'affaiblit ; il est préférable de changer complètement le contenu de ces récipients, car c'est surtout de leur propreté et de celle du liquide qu'ils contiennent que dépend le bon fonctionnement de la pile. La constance existe même avec une solution dépolarisante à demi-épuisée si l'eau du vase poreux n'est pas chargée de sulfate de zinc en excès et si la proportion d'acide n'est pas trop grande.

Le chargement des piles doit être fait avec soin, en se conformant pour chaque grandeur d'élément aux quantités indiquées ci-dessous. La meilleure marche à suivre consiste : 1° A démonter les éléments, c'est-à-dire retirer du récipient extérieur les charbons, le vase poreux et le zinc : 2° Verser dans le bocal de verre ou de grès la quantité de bichromate nécessaire au char-

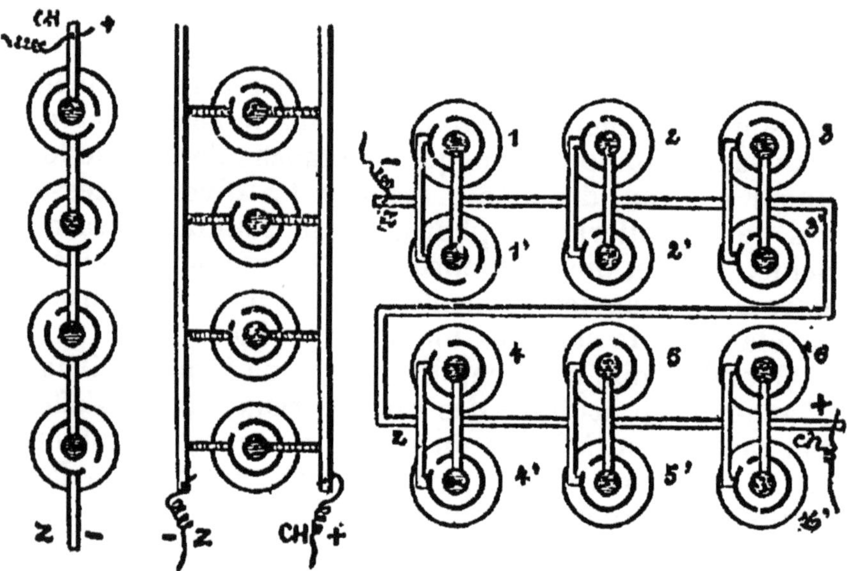

Fig. 34, 35, 36. — Couplage des éléments de pile en série, en quantité et en séries mixtes.

gement, y ajouter la première mesure d'eau, puis agiter avec une baguette de verre, et pendant que le liquide est en mouvement, verser lentement en un petit filet, l'acide sulfurique. Ce mélange détermine une élévation de température suffisante pour qu'en continuant à remuer, le bichromate fonde complètement. Après la dissolution effectuée, on verse la seconde mesure d'eau en continuant à agiter ; Enfin 3° on emplit le vase poreux d'eau et d'acide sulfurique, dans les proportions indiquées plus haut. Il est préférable que le niveau du liquide du vase poreux soit plus élevé que celui de la dissolution de bichromate.

Cela fait, on remonte l'élément, en ayant soin toutefois d'attendre que les liquides soient complètement refroidis. On essuie l'extérieur des vases avant de les remettre en place.

Pour le montage de la batterie, les éléments sont couplés les uns aux autres en tension, c'est-à-dire le zinc du premier au charbon du second et ainsi de suite, de telle sorte qu'il ne reste plus de libres que le charbon du premier élément et le zinc du dernier. C'est de ces deux pôles que partiront les conducteurs reliant la batterie aux appareils d'éclairage.

Au début, lorsque les piles viennent d'être chargées, il faut observer de ne pas descendre les zincs jusqu'au fond des vases, on risquerait de brûler les lampes par l'excès de courant qui leur parviendrait. Il suffit de les immerger de quelques centimètres, au commencement, pour obtenir une lumière suffisante.

Voici enfin quelques observations qu'il ne faut pas perdre de vue si l'on veut conserver la constance du débit électrique des piles. Il faut :

1° Que les éléments soient placés dans un local dont la température ne descende pas au-dessous de 10 degrés centigrades ;

2° Que les zincs soient toujours parfaitement amalgamés.

On reconnaît que les zincs ont besoin d'être amalgamés lorsqu'ils produisent un bouillonnement dans l'acide. Pour les amalgamer à nouveau, il faut verser dans un vase plat, par exemple, une assiette ordinaire, du mercure et de l'eau acidulée, par l'addition d'un dixième en volume d'acide sulfurique ordinaire. On décape d'abord parfaitement les zincs dans cette solution, puis on étale le mercure métallique à la surface des plaques en frottant énergiquement à l'aide d'une brosse à poils durs et courts, jusqu'à ce que ces plaques soient bien brillantes. On rince alors à l'eau claire, et on laisse sécher ou l'on remet les plaques en place.

3° Il est bon de changer l'eau acidulée des vases poreux lorsqu'elle devient verdâtre. Habituellement, on change trois fois cette eau contre une fois le bichromate, de manière à épuiser complètement ce dernier, qui peut encore donner un fonctionnement satisfaisant, jusqu'à ce qu'il soit devenu de couleur vert foncé. De ces soins dépend le débit de la batterie, et surtout sa durée, qui est proportionnelle à la quantité d'électricité fournie.

Piles pour usages intermittents. — Lorsqu'il n'est besoin du courant électrique que pendant quelques instants, et à des moments séparés les uns des autres par des périodes de repos plus ou moins longues, on fait appel aux piles au chlorure d'ammonium, dont le prototype est le modèle créé et perfectionné par l'ingénieur Leclanché. Ce genre d'élément se compose de deux électrodes, l'électrode négative constituée par un crayon ou un tube de zinc non amalgamé, et l'électrode positive formée d'un vase poreux, d'un cylindre ou d'un sac de toile contenant un mélange de charbon de cornue et de protoxyde de manganèse aggloméré sous forte pression. Ces deux pièces sont contenues dans un bocal de verre quadrangulaire et baignent dans une solution saturée de sel ammoniac.

La pile Leclanché, et particulièrement le modèle dit *à sac* (Fig. 35), présente une remarquable capacité, et on peut considérer l'aggloméré comme une espèce d'accumulateur, devenant inerte après avoir effectué un travail déterminé. Suivant leurs dimensions et leur poids, ces agglomérés présentent une capacité de 50 à 200 ampères-heure et davantage. Bien qu'au coup de fouet du début, un élément de ce genre puisse débiter jusqu'à 25 ampères en court-circuit, il convient de le faire travailler à un taux beaucoup plus faible et inférieur à 1 ampère. Si on lui demande de fournir un courant d'une grande intensité, la pile ne tarde pas à se polariser, mais en la laissant reposer ensuite un certain

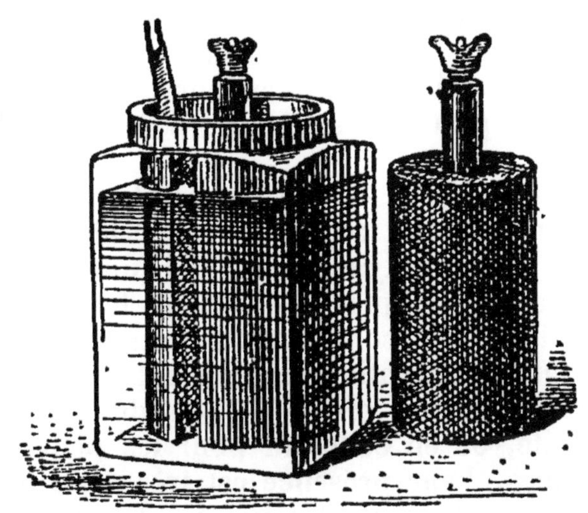

Fig. 37. — Elément à sac avec son aggloméré.

temps, la dépolarisation s'effectue et elle peut recommencer à travailler. Ce fait se reproduit tant que l'aggloméré n'est pas complètement épuisé.

Les qualités de la pile Leclanché sont d'ailleurs reconnues universellement depuis bien des années, et c'est la seule que l'on emploie partout pour les sonneries d'appel, les postes micro-téléphoniques, la lumière électrique intermittente, la mise de feu aux fourneaux des mines, etc. Son entretien est à peu près nul et la durée de sa décharge très prolongée.

Les piles sèches. — On donne ce nom à des éléments au sel ammoniac dont le liquide est rendu pâteux par un absorbant tel que la gélose (algue marine), la sciure de bois ou autre produit transformant l'électrolyte en une espèce de pâte coagulant le liquide, qui ne peut plus, par suite, se renverser. Ces piles ont une résistance intérieure plus élevée que celles à liquide libre et leur capacité diminue peu à peu à mesure que leur date de fabrication devient plus ancienne. Malgré ces inconvénients, ce genre d'éléments a obtenu une certaine vogue en raison des avantages qu'ils présentent pour leur transport et l'usage à bord de véhicules quelconques.

Les accumulateurs. — Les accumulateurs restituent le courant qu'ils ont reçu d'un générateur primaire d'électricité : pile ou dynamo, et qu'ils ont absorbé sous forme de travail clinique. Les modèles les plus généralement utilisés sont composés d'électrodes en plomb, baignant dans une solution acidulée sulfurique contenue dans un récipient en verre, en bois doublé de plomb et en ébonite, ou en celluloïd pour les petits modèles transportables. Leur présence est très utile dans une foule de circonstances, et nous en donnerons divers exemples au cours du présent volume, mais ils nécessitent une source d'électricité pour leur recharge.

Les dynamos. — La dynamo est le seul générateur d'électricité vraiment industriel et pratique, mais elle sous-entend la présence d'un moteur lui fournissant le travail mécanique qu'elle transforme en énergie électrique. Elle fournit un courant continu, d'intensité et de tension connues et déterminées pour chaque machine, et en rapport avec le nombre de tours ou de révolutions par seconde de l'organe mobile où le courant prend naissance. Suivant que le courant nécessaire à la création du champ magnétique indispensable, autrement dit l'*excitation* des électro-aimants, est fourni par une source indépendante de courant, par une portion ou par la totalité du courant, la dynamo est dite enroulée ou excitée en dérivation (ou *shunt*), en série ou en indépendance. Pour les applications domestiques. le mode d'enroulement ou d'excitation en dérivation est celui qui convient le mieux.

Lorsque le courant doit être envoyé à grande distance, il est plus économique de recourir à l'usage des alternateurs fournissant, soit directement, soit avec interposition de transformateurs, des courants de haute tension, dont le transport est moins coûteux que le courant continu. L'isolement des circuits doit, toutefois, être plus rigoureux, avec les courants alternatifs de haute tension qu'avec le courant continu de bas voltage, et il faut s'efforcer de localiser ces tensions, non sans danger, sur la ligne de transport.

Applications à l'éclairage. — L'appareillage nécessaire pour l'éclairage électrique diffère, suivant qu'il s'agit d'éclairage par l'arc voltaïque ou par l'incandescence. L'arc fournit un rendement plus élevé, et donne, par suite, un meilleur résultat économique, mais il existe maintenant des lampes à incandescence dont la consommation est très réduite en rapport avec la quantité d'énergie dépensée. Alors que l'arc dépense 0,7 watt par bougie décimale, les lampes à filament métallique actuelles ne consomment guère plus de 1 watt pour la même puissance lumineuse. Si l'on veut comparer les diverses sources de lumière à l'éclairage électrique, et que l'on exprime la dépense en unités électriques, on verra que la production de l'intensité lumineuse d'une bougie décimale correspond :

Avec la bougie stéarique à........................	86	watts
— la lampe à huile de Carcel.....................	56	—
— le bec de gaz papillon........................	93	—
— le manchon à incandescence, à gaz............	0	8
— la lampe à arc à air libre.....................	0	7
— l'arc à vapeur de mercure.....................	0	3
— la lampe à incandescence à filament de carbone.	4	watts
— la lampe à incandescence à filament métallique.	1	—
— la lampe à pétrole ordinaire.................	43	—

Les sources de lumière les plus économiques sont donc l'arc à vapeur de mercure, le manchon à gaz à incandescence et l'arc à l'air libre ou en vase clos. Viennent ensuite la lampe électrique à filament métallique et à filament de carbone. On peut considérer comme éclairages de luxe l'acétylène, la bougie, le pétrole, l'huile et le bec de gaz ordinaire à papillon.

L'appareillage pour la lumière à arc se compose, outre la lampe ou régulateur automatique assurant la permanence et la fixité du point éclairant, d'un globe diffuseur des rayons lumineux, d'un abat-jour réflecteur, d'un filet entourant le globe, et d'un chapeau métallique préservant les organes de la lampe de la pluie. Le complément indispensable de toute lampe est le *rhéostat*, résistance additionnelle réglable qui assure la constance de la lumière, et le *coupe-circuit* à fil fusible préservant le mécanisme contre une élévation subite et anormale de la puissance du courant.

Les lampes à incandescence exigent également la présence d'un coupe-circuit particulier. L'ampoule de cristal contenant le filament est pourvue d'un *culot* métallique garni de deux petits tenons, les deux extrémités du filament étant en rapport avec les *plots* fixes effleurant le niveau de la base du culot. Celui-ci s'engage dans un tube de laiton de même diamètre que lui, en s'appuyant sur deux petits pistons à ressort qui se compriment et assurent un contact parfait avec chacun des deux plots. La lampe est maintenue en place par ses tenons transversaux, qui s'engagent dans des échancrures pratiquées dans le support, échancrures dites à *baïonnette*, dont la forme est telle que les tenons ou goupilles s'y trouvent solidement maintenus. Les pistons sont montés sur un petit socle en porcelaine percé de trous pour le passage des fils conducteurs, et retenus en place par un boulon et un écrou. L'isolement est parfait.

Le support, qui est souvent muni d'un interrupteur à levier permettant d'allumer ou d'éteindre la lampe selon les besoins, est creusé d'un pas de vis pour se fixer sur l'extrémité d'un raccord ou d'un bras de lumière fileté, et maintenu à son tour par un étrier ou un pas de vis, sur un lustre, une patère ou un socle. Ce support est complété par une griffe à trois branches ayant pour but de recevoir l'abat-jour ou la tulipe en verre, cristal taillé, opaline, etc., entourant l'ampoule.

Applications domestiques. — Quand on dispose de courant électrique à l'intérieur d'une maison ou d'un appartement, il est une foule de circonstances où l'on peut tirer un utile parti de cette énergie d'emploi si commode. Tout d'abord le chauffage, au moyen de résistances convenablement disposées à l'intérieur d'appareils de formes variables, dont l'industrie a créé de nombreux modèles, tels que bouilloires, chauffe-plats, chauffe-fers à friser ou à repasser, chaufferettes, etc., et même radiateurs et fourneaux de cuisine. Puis les commandes mécaniques : ventilateurs d'aération, ascenseurs, monte-plats, etc., et enfin les avertisseurs et appareils d'intercommunication entre les diverses pièces de l'habitation ou des bâtiments voisins, et dont les plus répandus sont les sonnettes électriques et le téléphone.

Toutes ces applications peuvent être réalisées par

n'importe qui, et les appareils avec les canalisations les desservant être mis en place sans difficultés et avec très peu d'outils. Rien n'est plus facile aujourd'hui que d'installer l'éclairage électrique, le chauffage, la ventilation, la force motrice, le téléphone, à l'intérieur d'un appartement ou d'une maison particulière, et c'est pourquoi nous avons donné à cet ouvrage pratique le titre de : *Tout le monde électricien*. En suivant les indications qui seront données dans les deux parties de ce volume qui vont suivre, n'importe quelle personne se trouvera à même d'exécuter, sans recourir aux spécialistes dont le secours tend, par le temps qui court, à devenir ruineux, n'importe quelle installation d'électricité domestique. Il suffira de se procurer dans le commerce les divers instruments dont on aura besoin, avec les accessoires indispensables, pour réussir à coup sûr à tirer du courant tout ce qu'il peut donner. Et, ce faisant, on aura non seulement tous les agréments que procure l'emploi rationnel de l'énergie électrique, mais encore la satisfaction de ne devoir ces commodités qu'à son propre travail, sans aucune aide étrangère. Les données générales contenues dans cette première partie ont eu pour but de familiariser le lecteur avec les moyens de produire le courant, le mesurer et le distribuer : les pages qui vont suivre seront entièrement consacrées aux méthodes qu'il convient d'adopter pour tirer le meilleur parti possible de ce courant dans toutes les circonstances qui se peuvent présenter.

L'Éclairage électrique

SOMMAIRE DE L'ECLAIRAGE ELECTRIQUE

L'Éclairage Électrique

CHAPITRE PREMIER

Installation des stations particulières d'Electricité.

L'ÉCLAIRAGE PAR L'ÉLECTRICITÉ

Ainsi que cela a été démontré par une expérience de plus de trente ans, le courant électrique constitue la source d'éclairage incontestablement la plus avantageuse et dont la commodité est la plus grande. On est même parvenu à rendre sa production assez économique pour que ce système d'illumination puisse lutter avantageusement avec son concurrent redoutable le gaz de houille qui a trouvé dans le manchon à incandescence d'Auer un allié sans lequel il aurait déjà succombé. D'autre part, ni l'acétylène, ni l'air carburé par son barbotage dans le pétrole, l'essence ou l'alcool ne peuvent rivaliser d'économie avec la lampe à arc ou à filament métallique, et l'on sait quel danger ces produits présentent, alors que les courants de basse tension sont d'une absolue inocuité. En résumé, la question ne se pose même plus et le seul point qui mérite de retenir l'attention réside dans la production au plus bas prix possible de l'énergie consommée par les foyers lumineux.

Or, l'entretien d'une puissante usine est beaucoup plus économique, en comparaison, que celui d'une station de faible importance, dont le matériel ne fonctionne à pleine charge que pendant une partie seulement de la journée. Le rendement économique est d'autant meilleur que l'exploitation travaille plus longtemps à son maximum de puissance, et c'est d'ailleurs pour répondre à ces desiderata que, dans toutes les grandes villes, on a organisé des usines de distribution capables de fournir toute la quantité d'énergie demandée par une véritable armée d'abonnés.

Ce n'est donc qu'au cas où il n'existe aucun moyen de se procurer le courant, ordinairement vendu à très bas prix par les secteurs, qu'il faut se résigner à monter à ses frais une station particulière, ce qui entraîne toujours des frais assez élevés, qui sont inutiles lorsqu'on peut s'adresser à une usine de distribution.

On peut diviser les installations d'électricité en deux catégories bien distinctes, suivant que l'usine est destinée à alimenter un réseau de distribution étendu, comme c'est le cas dans les villes, ou simplement à une habitation et ses dépendances. Dans la première de ces alternatives, c'est une entreprise industrielle exigeant des capitaux plus ou moins considérables ; dans l'autre, c'est une organisation dont l'importance n'est pas supérieure à celle d'un atelier mécanique quelconque. Nous envisagerons ici les deux faces de ce problème.

Le premier point sur lequel il convient de porter son attention pour obtenir le facteur d'utilisation le plus élevé possible d'une station centrale d'une certaine importance, c'est la concentration dans cette usine de tout le matériel capable d'assurer en même temps l'entretien des trois principaux services demandés à l'électricité : l'éclairage, les moteurs fixes et les moteurs pour la traction des véhicules. Le résultat est bien meilleur avec une seule grande usine desservant tout un réseau qu'avec plusieurs petites stations réparties en différents points de l'agglomération à desservir. Mais pour réaliser pratiquement cette conception de la station centrale unique dans une ville, il importe que l'énergie électrique y soit engendrée sous la forme qui convient le mieux aux diverses applications de cette énergie, et c'est pourquoi on donne maintenant la préférence aux courants alternatifs triphasés sous une tension élevée et avec une fréquence de 25 périodes par seconde. Ces courants sont envoyés par des canalisations souterraines ou aériennes jusqu'à des sous-stations disséminées dans les endroits convenables, où ils sont transformés en courant continu à basse tension par des commutatrices. Ce courant est ensuite distribué dans les circuits d'éclairage ou de traction. Ce procédé est celui qui est mis en pratique dans nombre de grandes villes, en France et à l'étranger.

Lorsqu'il s'agit d'une petite station particulière de faible importance, la question qui s'impose en premier lieu consiste dans le choix du moteur qui devra actionner la ou les génératrices de courant. Ordinairement, ce choix est déterminé par les circonstances et dépend du genre de combustible dont on peut disposer dans chaque pays, à moins qu'il soit plus avantageux de capter une puissance naturelle telle qu'un cours d'eau quelconque ou le souffle du vent. Il est essentiel de se rendre compte du prix de revient, dans la région où l'on se trouve, de l'unité de travail mécanique, du cheval ou du kilowatt-heure (75 ou 100 kilogrammètres par seconde) en employant pour produire ce travail un genre ou un autre de moteur.

L'idée de recourir aux puissances naturelles gratuites vient en premier lieu à l'esprit, mais il est bon de ne pas perdre de vue que les machines permettant de les capter sont souvent coûteuses et qu'il peut être quelquefois plus économique d'installer à leur place un moteur thermique. Une comparaison numérique nous permettra de nous faire mieux comprendre et nous supposerons que l'on a besoin d'une quantité de courant de 10 kilowatts, exigeant pour sa production un travail d'environ 15 à 16 chevaux-vapeur, en tenant compte du rendement de la dynamo.

CHOIX D'UN MOTEUR

Un aéromoteur pouvant développer la puissance qui vient d'être indiquée coûtera au moins 6.000 francs, sans son pylône et son mécanisme de commande, et il en sera de même d'une turbine hydraulique, au cas où les travaux d'appropriation de la chute ou de l'adduction de l'eau présentent une certaine importance. En amortissant ce capital en dix ans, on voit que la dépense annuelle pour une production de 15 chevaux sera d'environ 1.200 francs, en tenant compte des frais de surveillance et de réparation. Or, une machine à vapeur fixe de cette même puissance, et dont le prix est à peu près le même, consomme de la houille et de l'huile et elle exige la présence continuelle d'un chauffeur dont il faut payer le salaire. La dépense peut être évaluée à 20 francs par journée de dix heures, soit pour 300 jours par an, réparations et amortissement du capital compris, à 7.000 francs environ.

Un moteur à gaz pauvres avec gazogène brûlant des menus ou des charbons maigres à bon marché, est d'un prix un peu plus élevé qu'une machine à vapeur de force équivalente, mais il fournit l'unité de travail à un taux sensiblement inférieur et qui varie entre 2 et 3 centimes par cheval et par heure. La journée de dix heures revient donc à 3 francs, le salaire du surveillant et l'entretien de la machine en sus. Le moteur à hydrocarbures liquides (essence minérale rectifiée), à grande vitesse de rotation, est d'un prix relativement modique, car le mécanisme est fort simple, et il oscille aux environs de 4.000 francs pour une puissance de 15 chevaux. Mais le combustible qu'il consomme coûte relativement cher, en raison des impôts de toute espèce qui le grèvent. Le cheval-heure par l'essence, qui nécessite 350 grammes de liquide, coûte 20 centimes environ dans les départements et près du double à Paris, soit, pour 15 chevaux pendant dix heures, 30 francs dans le premier cas et 52 dans l'autre. Avec le pétrole lourd, l'alcool carburé, l'huile de scluste brûlés dans des moteurs à vitesse de rotation réduite (300 à 400 tours par minute au lieu de 1.200 à 1.500). la dépense est moindre et varie entre 8 et 15 centimes. Il résulte donc de ces divers chiffres que l'on peut ranger les divers systèmes de machines motrices dans l'ordre suivant, allant du plus économique au plus coûteux d'entretien :

1° La turbine hydraulique et le moteur à vent ;

2° Le moteur à gaz pauvres ;

3° Le moteur à pétrole lampant ou à huile de schiste ;

4° La machine à vapeur ;

5° Le moteur à essence à grande vitesse de rotation.

Le moteur à hydrocarbures liquides léger a pour lui sa simplicité et son prix d'achat peu élevé ; il est précieux tant qu'on ne doit lui demander que quelques chevaux-vapeur pendant un temps assez court, autrement son usage est, sinon ruineux, tout au moins très coûteux, et pour une installation réellement pratique il faut lui préférer, soit le moteur à gaz pauvres, malgré l'embarras du gazogène, soit le moteur à pétrole lampant.

La vapeur présente incontestablement des qualités remarquables d'élasticité et de souplesse, comparativement aux moteurs à explosion, mais la présence de la chaudière indispensable vient restreindre ses avantages, d'autant plus qu'elle exige un combustible plus coûteux que celui dont se contente le gazogène. C'est même ce qui a déterminé en grande partie le succès de ce dernier appareil.

Les gazogènes actuels, dont il existe de nombreux modèles, brûlant les combustibles les plus médiocres : charbons maigres, bois, menus, etc., ont un fonctionnement régulier et économique, les constructeurs étant parvenus à empêcher l'entraînement des poussières dans les cylindres. La teneur calorifique des gaz pauvres produits par ces générateurs ne dépasse pas 1.500 calories et est même souvent très inférieure à ce chiffre ; on est parvenu néanmoins à les faire détoner sous le piston, en les comprimant au préalable très fortement et en faisant jaillir dans leur masse une étincelle d'induction très chaude. Pour toutes ces raisons, les moteurs à gaz pauvres ont reçu de nombreuses applications et sont souvent préférés aux machines à vapeur, surtout pour des puissances de 5 à 250 chevaux, alors que les moteurs à essence, benzine ou pétrole ne dépassent guère 10 à 20 chevaux.

Les stations électriques isolées, situées en pleine campagne, peuvent recourir aussi aux moteurs hydrauliques, de préférence aux moteurs thermiques, et ce, chaque fois que, sans des dépenses par trop élevées, on pourra disposer du volume d'eau nécessaire pour les alimenter.

Les moteurs permettant de recueillir la force vive des torrents, chutes ou cours d'eau, et de transformer cette force en énergie cinétique utilisable, sont les roues et les turbines, mais on n'emploie plus aujourd'hui que ces dernières, qui procurent un rendement bien plus élevé quelle que soit la hauteur du niveau de l'eau. En principe, une turbine est une roue à aubes, tournant horizontalement au fond d'une cuve cylindrique en bois, en tôle ou en fonte. Cette roue mobile est entourée d'une couronne annulaire munie de nervures en saillie, dont la forme est déterminée par expérience, et appelées *aubes fixes directrices*. Un régulateur centrifuge assure la constance de la vitesse de rotation, et il agit, par des dispositifs particuliers, sur le volume d'eau admise dans l'aubage mobile. Un système de vannage, variable comme dispositions, permet de rendre, sensiblement constante la quantité de travail disponible aux époques des basses eaux comme au moment où le volume d'eau disponible est maximum.

Le moulin à vent à réglage automatique, ou *aéromoteur*, est encore le moins usité des moteurs appliqués à la génération de l'énergie électrique ; on lui reproche son inconstance et ses changements continuels de puissance, qui nécessitent la présence, non seulement d'une batterie d'accumulateurs de grande capacité, mais aussi d'un moteur de secours. Il est indispensable d'intercaler un *disjoncteur-conjoncteur* automatique entre la dynamo et la batterie pour couper la communication entre ces appareils dès que la turbine à vent ralentit, et éviter que le courant reflue et que la batterie se vide sur la dynamo dont l'induit se trouverait alors détérioré. La communication est rétablie dès que l'aéromoteur donne le nombre de tours par minute suffisant pour donner naissance à un courant de voltage convenable. Il faut donner à la roue-turbine aérienne un assez grand diamètre et une masse assez forte pour qu'elle puisse emmagasiner une certaine quantité de force vive et faire volant d'entraînement rendant le mouvement plus uniforme. L'aéromoteur est complété par un dispositif de réglage automatique lui permettant de s'effacer plus ou moins complètement en cas de grand vent ou de tempête, et par une girouette d'orientation plaçant constamment la roue face au vent. La transmission de mouvement s'opère par engrenage d'angle et courroie.

Résumé. — Pour conclure sur ce sujet de première importance du choix du moteur le plus convenable pour une station particulière, on peut dire que, si les chutes d'eau peuvent fournir, à peu près en tout temps à un prix très bas, la force motrice indispensable, les turbines aériennes sont également capables de constituer une source d'énergie presque gratuite et à laquelle on ne peut reprocher que le prix élevé auquel revient l'installation.

La question du moteur étant résolue, on détermine le genre de courant qui convient le mieux dans chaque cas spécial, ainsi que la tension sous laquelle devra s'effectuer la distribution. Ces points dépendent absolument des usages auxquels l'électricité est destinée et de l'étendue du réseau à desservir. S'il s'agit de l'éclairage d'une habitation ou d'un groupe de bâtiments, le courant continu à la tension de 110 volts sera le plus convenable. S'il fallait alimenter de nombreux foyers situés à une certaine distance de la station, on adopterait la tension de 220 volts, ou l'on emploierait plusieurs fils de distribution.

Enfin, dans le cas où l'éloignement entre l'usine génératrice et le centre d'utilisation atteindrait un certain nombre de kilomètres, il serait plus économique de recourir aux courants continus, en élevant la tension de ces courants à un chiffre tel que la ligne de transport ne représente qu'une dépense de premier établissement relativement peu élevée. A l'arrivée, avant d'opérer la distribution, un transformateur *dévolteur* abaisse le voltage au point convenable pour l'alimentation des appareils.

AGENCEMENT DES DYNAMOS

Le matériel électro-mécanique d'une station pour l'éclairage se compose :

1° D'un moteur primaire hydraulique ou thermique ;

2° D'un générateur d'énergie électrique, dynamo ou alternateur ;

3° D'une batterie d'accumulateurs ou de transformateurs mécaniques ou statiques, suivant le cas, et lorsqu'on ne veut pas se contenter de l'éclairage direct ;

4° D'un tableau de distribution, comportant les appareils de mesure du courant, de sécurité, de contrôle et de manœuvre (fermeture ou ouverture des circuits).

La station génératrice la plus simple est celle qui se compose d'un groupe électrogène : moteur à grande vitesse de rotation, directement accouplé avec une dynamo, et complété par un tableau de distribution rudimentaire. Cet agencement peut suffire lorsqu'on fait de l'éclairage direct et tant qu'il ne s'agit d'alimenter qu'une trentaine de lampes au maximum. Mais on ne peut réaliser ainsi un fonctionnement économique, et l'éclairage est entièrement subordonné à la bonne marche de la machine. Si une panne survient, c'est l'extinction totale et subite de tous les foyers qui en résulte. Il est donc plus rationnel d'interposer, malgré la dépense supplémentaire qui en résulte, une batterie d'accumulateurs, donnant le moyen d'assurer la permanence de la lumière malgré l'arrêt du moteur. Celui-ci peut d'ailleurs être pris plus faible, et on le fait tourner plus longtemps pour opérer la charge des accumulateurs.

Lorsqu'on procède à l'installation et à la mise en place des machines, il faut avoir soin de préparer pour celles-ci des massifs de maçonnerie isolés du plancher et des murs de la construction. De cette façon, les trépidations dues à la marche ne peuvent se communiquer au bâtiment, et celles-ci sont très diminuées comme intensité. La surface de ces massifs ou fondations doit être cimentée et se trouver à 20 ou 30 centimètres au-dessus du plancher de la salle pour faciliter le nettoyage et le service des coussinets.

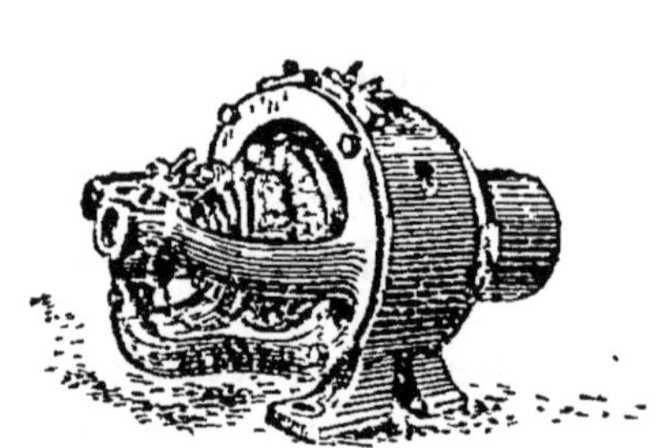

Fig. 38. — Type de dynamo moderne

La dynamo n'est pas déposée à même le massif, mais sur des rails le long desquels il est possible de la déplacer, par exemple lorsqu'on veut retendre la courroie ou sortir l'induit pour le visiter. Ces rails sont maintenus dans la fondation par des boulons de scellement dont les tiges sont soigneusement entourées de fibre isolante ainsi que l'écrou de serrage, de façon à ce que ces organes ne puissent toucher en aucun point les supports de la machine. Cette précaution assure l'isolement de la dynamo et éloigne les causes d'accident pouvant survenir du fait de la rupture de l'isolant recouvrant les fils sous l'effet d'une élévation anormale de température au cas où le réseau alimenté par la machine ne présenterait qu'un isolement insuffisant ou précaire.

La dynamo est amenée et déposée sur les rails de support à l'aide d'un pont roulant ou d'un palan, ou, à défaut de ces appareils, en la faisant glisser sur des madriers disposés de manière à former un plan incliné. Son axe est amené dans une position exactement parallèle à celle de l'arbre de transmission, puis, lorsqu'on s'est assuré, par des mesures précises, que ce parallélisme est obtenu, on serre à bloc les écrous des boulons de fondation. Il est bon de vérifier également si l'anneau mobile tourne bien librement, simplement en le tournant à la main, et si l'arbre peut légèrement se déplacer suivant son axe. C'est là, non un défaut, mais au contraire une preuve de bon réglage et du graissage régulier des parties frottantes. Les paliers sont ensuite garnis d'huile pour la lubrification des bagues.

Il faut employer, lorsqu'une dynamo est commandée par un renvoi de transmission, des courroies larges et souples, d'épaisseur bien égale, sans aucun ressaut à l'intérieur, afin d'éviter tout choc contre les poulies et tout à-coup dans la marche. La tension sera modérée, de manière à ne pas fatiguer outre mesure les coussinets, sans qu'elle soit cependant trop faible, ce qui exagérerait le glissement en obligeant la courroie à patiner.

La dynamo est maintenue en place par quatre vis de butée s'appuyant sur son socle. Ces vis permettent de déterminer exactement sa position sur les rails de support, le parallélisme de son axe et sa distance à l'arbre de commande. En les faisant tourner sur elles-mêmes, on approche ou on éloigne la machine et on règle ainsi la tension de la courroie, mais il faut avoir soin de les faire tourner chacune exactement du même nombre de tours afin de ne pas détruire le parallélisme entre les deux arbres.

En ce qui concerne les balais ou frotteurs en charbon, il faut leur donner, en manœuvrant les vis de réglage de leurs ressorts, une légère pression sur le collecteur. Une pression exagérée amène l'échauffement de cet organe ; un contact insuffisant détermine la production d'étincelles ; le chiffre qui semble le plus convenable est 400 grammes par centimètre carré de surface frottante.

Pour donner le profil voulu aux blocs de charbon

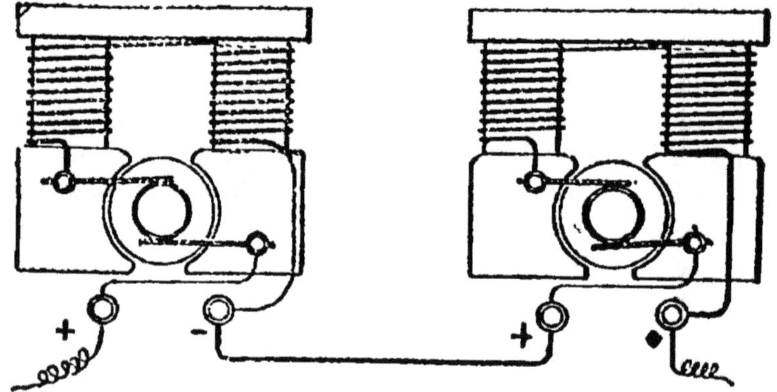

Fig. 39. — Schéma de l'accouplement de deux dynamos en série.

servant de frotteurs, lorsqu'ils sont neufs, on donne un mouvement de va-et-vient à une bande de papier de verre que l'on interpose entre les blocs et le collecteur, la face lisse du papier étant appliquée contre les lamelles de cuivre du collecteur. On use ainsi la surface des blocs et on leur donne le contour exact de la périphérie du collecteur.

Lorsqu'on met pour la première fois une dynamo en

marche, il faut porter particulièrement son attention sur les points suivants qui présentent une sérieuse importance : On s'assurera que tous les écrous et vis sont serrés au point voulu, notamment les vis servant à tendre les ressorts des porte-balais ; ceux-ci ne devront pas risquer de toucher l'induit en mouvement et les balais seront bien appuyés sur la surface du collecteur. Cela fait, on vérifiera si aucune des pièces où circule le courant n'est en contact métallique avec le bâti de la machine, si tous les interrupteurs reliant celle-ci aux différents circuits qu'elle doit alimenter sont ouverts, si les graisseurs sont garnis d'huile, la courroie convenablement tendue, les écrous, bornes, etc. serrés à fond.

Ces diverses vérifications opérées, on peut mettre en marche et faire tourner la dynamo à vide pendant au moins une heure à sa vitesse de régime. Si aucun échauffement anormal ne se produit, si aucun défaut ne se révèle pendant ce temps, on peut alors fermer le circuit d'excitation des inducteurs, et l'on s'assure, par l'examen de l'aiguille du voltmètre, que la machine s'amorce bien et que le courant atteint bien la tension indiquée par le constructeur. On ne met pas toute la charge extérieure d'un seul coup, mais on envoie le courant successivement, à des intervalles de deux à trois minutes, dans les circuits de distribution. Dans le cas où la tension normale ne serait pas atteinte, même en manœuvrant la manette du rhéostat d'excitation, c'est que la vitesse de rotation serait insuffisante, soit que la courroie glisse, soit que le moteur commandant la dynamo ne tourne pas assez vite. Dans le premier cas, on augmentera l'adhérence en projetant sur la face interne de la courroie, une ou deux pincées de résine en poudre ; dans l'autre, on activera la vitesse du moteur par des moyens appropriés, suivant la nature de celui-ci.

PENDANT LA MARCHE

Les soins à apporter pendant le fonctionnement des dynamos consistent surtout en des visites fréquentes des moindres organes, notamment des balais, de la courroie de transmission et des graisseurs. Il faut avoir soin surtout d'éloigner des dynamos tous les objets en fer, car il est bon de se rappeler que les inducteurs agissent, pendant la marche, comme de puissants aimants susceptibles d'attirer très fortement le fer. Si un outil quelconque venait à s'engager accidentellement dans l'*entrefer* (espace vide laissé entre la périphérie de l'induit et les faces polaires de l'inducteur), de graves accidents pourraient en résulter. Il faut donc, pour cette raison, n'employer que des outils en métal non magnétique, une burette en zinc pour l'huile de graissage, et des clés à écrous en bronze.

De temps en temps, on contrôlera la tension du courant, la polarité de la dynamo, l'état des coussinets, le contenu des paliers-graisseurs. En portant son attention sur ces différents points, un électricien soucieux de l'intégrité de sa machine, en obtiendra constamment le meilleur rendement, tout en ayant moins à redouter les dérangements subits, dus à un manque de surveillance, et qui entraînent souvent à leur suite de longues et coûteuses réparations.

A L'ARRÊT

Avant d'arrêter le mouvement d'une dynamo, on commence par enlever la charge extérieure en ouvrant successivement les divers circuits alimentés. Ensuite on peut débrayer la courroie qui l'entraîne ou ralentir et arrêter la rotation du moteur qui l'entraîne, au cas où la commande se ferait par accouplement direct.

Il n'est pas besoin de recommander de conserver en un état de grande propreté les différents organes de la dynamo. La poussière, l'huile et surtout les limailles provenant de l'usure du collecteur seront enlevés tous les jours, à l'aide d'un blaireau, d'un pinceau ou d'un petit soufflet. Il faudra se servir de chiffons de toile et non de déchets. C'est le collecteur qui sera l'objet des soins les plus fréquents et les plus minutieux, surtout dans le cas où il ne serait pas protégé par une enveloppe ou carter métallique l'enfermant dans une cavité bien close. Il sera conservé parfaitement uni, et on le polira fréquemment avec du papier de verre, et non avec du papier ou de la toile d'émeri. S'il était profondément rayé ou déformé, il deviendrait obligatoire de le remettre sur le tour pour le rendre de nouveau parfaitement cylindrique. Ce n'est qu'au cas où ces déformations seraient encore peu sensibles, que l'on pourrait se contenter de les limer avec une lime douce ; on terminerait par un polissage au papier de verre.

Si la machine doit rester un certain temps sans fonctionner, il faudra, après l'avoir essuyée et nettoyée à fond, vider l'huile pouvant être restée dans les paliers, graisser les parties en acier poli, refermer les couvercles des paliers à bagues, et en dernier lieu recouvrir l'appareil d'une bâche imperméable.

L'huile qui convient le mieux pour les paliers de dynamos est l'huile de naphte, d'une densité de 0,905 ; la dépense d'huile peut être sensiblement réduite en raison des soins que l'on apporte à sa conservation. L'huile épaissie, recueillie à la partie inférieure de la machine, peut être employée à nouveau sans inconvénient ; il suffit de la filtrer soigneusement, de manière à la débarrasser de toutes les impuretés qu'elle a pu

7

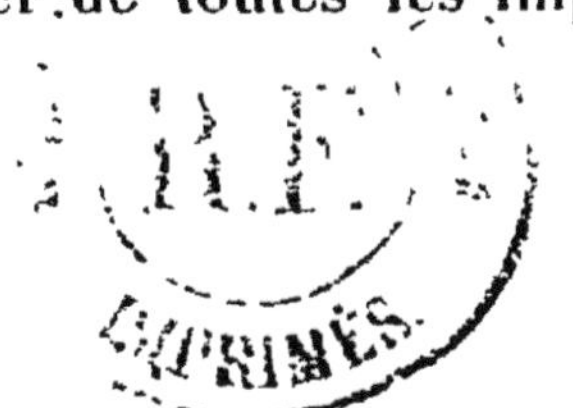

entraîner. Il existe d'ailleurs des filtres très pratiques pour huile de graissage et qui permettent de réaliser une sérieuse économie sur le lubrifiant.

Il peut arriver que les limailles de cuivre provenant du collecteur se déposent et viennent se coller après les porte-balais, surtout si ceux-ci sont un peu gras. Ces limailles recouvrant les rondelles isolantes de fibre,

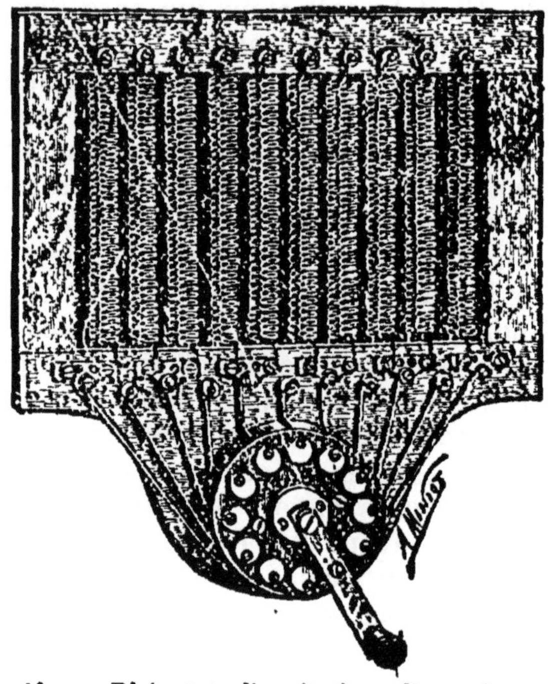

Fig. 40. — Rhéostat d'excitation d'une dynamo.

d'ébonite ou de mica supportant les balais tout en les isolant du bâti métallique de la machine, finissent par établir un chemin conducteur continu entre ces pièces et suppriment leur isolement, ce qui équivaut à mettre les balais en court-circuit entre eux. Il en résulte que tout le courant produit passe par ce chemin peu résistant, qu'il n'en circule plus dans les enroulements des inducteurs, et que la machine se désamorce ou ne s'amorce pas quand on la met en route. Le remède à apporter à cette situation est simple : il suffit de nettoyer à l'essence et de frotter avec un chiffon fin les pièces couvertes de poussières métalliques, et s'appliquer à ce qu'il ne s'en dépose que le moins possible dans la suite.

Etincelles aux balais. — Le plus souvent, quand il se produit de nombreuses étincelles aux points de contact entre les balais et les lames du collecteur, c'est simplement parce que les balais ne se trouvent pas exactement à la place qu'ils doivent occuper et il suffit de modifier un tant soit peu leur angle de calage pour voir ces étincelles diminuer et même disparaître presque entièrement. Il peut arriver également, surtout dans les machines multipolaires, que les balais ne se trouvent pas tous sur la ligne neutre. On devra alors compter le nombre de lames que possède le collecteur, et diviser ce nombre par celui des pôles, le résultat obtenu indiquera l'écart que doivent avoir deux porte-balais voisins.

Fig. 41. — Autre modèle de rhéostat d'excitation (Sté Gramme).

Par exemple, si le collecteur comporte 50 touches, les balais devront être distants de 25 touches l'un de l'autre dans une dynamo bipolaire. S'il comprend

60 lames dans une machine hexapolaire, les balais seront distants les uns des autres de 10 lames ; s'il y en avait 11 entre certains et 9 entre les suivants, il se produirait des étincelles à leurs points d'application sur le collecteur et on ne pourrait pas supprimer ces étincelles en manœuvrant le porte-balai général.

Il est fréquent de remarquer que des dynamos ne donnant pas d'étincelles pendant la marche à vide, en produisent alors d'autant plus que la charge extérieure est plus forte, ce qui conduit à déplacer le ou les porte-balais en avant du sens de rotation, jusqu'à cessation complète du phénomène, qui résulte de l'effet appelé *réaction d'induit* et qui augmente avec la charge de la machine. Le champ magnétique engendré par le courant circulant dans l'induit vient contrarier celui développé par les inducteurs, et déplace la ligne neutre ou la région où il n'y a pas production d'étincelles.

De toute façon, il faut s'efforcer de supprimer les étincelles car elles ont un effet destructeur sur les lames du collecteur qu'elles raient inégalement et creusent profondément ; et les meilleurs moyens à employer pour arriver à cette suppression consistent à ne pas surcharger la machine au delà de ce qu'elle peut raisonnablement donner, de restreindre au minimum la réaction d'induit et avoir une ligne neutre immuable, ce qui nécessite la présence d'inducteurs très puissants et un entrefer un peu grand.

Les étincelles peuvent encore résulter du mauvais état du collecteur et des frotteurs. Les écrous maintenant les lamelles de connexion se desserrent quelquefois pendant la marche, surtout lorsqu'ils ne sont pas bloqués par des contre-écrous ou autrement ; il en résulte que les lames se soulèvent inégalement ; le collecteur ne tournant alors plus bien rond, les balais vibrent en donnant naissance à des étincelles. Le remède consiste à resserrer les écrous, mais il pourra aussi arriver que l'on soit obligé de remettre le collecteur sur le tour, opération qu'il faudra, de même, exécuter après une certaine durée de fonctionnement continu, lorsque la pièce sera rayée ou parsemée d'aspérités et de sillons.

Le meilleur procédé consiste alors à tourner le collecteur sans l'enlever de la dynamo ; mais il faut pouvoir fixer un petit chariot de tour sur l'un des paliers. On communique un mouvement de rotation assez lent à l'induit à l'aide d'un petit moteur ou autrement et on emploie un outil en acier trempé bien coupant. Il est bon de faire de nombreuses passes successives, en enlevant très peu de métal à chaque fois. Le collecteur redevenu bien cylindrique, on achève de le polir avec du papier de verre ordinaire.

Echauffement des paliers. — Un accident assez fréquent est l'échauffement exagéré des paliers de support de l'arbre tournant, et résultant soit de la trop grande tension donnée à la courroie de transmission, soit à l'insuffisance du graissage. Ce sont les paliers les plus voisins de la poulie qui présentent le plus ordinairement cet inconvénient. Si l'on remarque en ce point une élévation anormale et excessive de la température, on s'assure en premier lieu, en soulevant les chapeaux de ces paliers, que le graissage s'effectue bien. Si l'on n'aperçoit rien de défectueux, on vérifie alors le degré de tension de la courroie et on la diminue légèrement en desserrant les vis des glissières des rails tendeurs. Si la température continue à s'élever, il faut diminuer la charge extérieure de la machine, au cas où il ne serait pas possible de l'arrêter immédiatement. De toute façon, il faut s'empresser de refroidir le palier surchauffé en l'entourant de linges imbibés d'eau froide qu'on arrose fréquemment.

Le défaut peut encore provenir de coussinets trop serrés ou mal alignés à la suite d'un montage trop hâtif, ou encore d'un arbre déréglé ou faussé. Dans ce cas, l'échauffement se manifeste aussitôt après la mise en route et il est facile d'en reconnaître la cause et d'apporter les corrections voulues au défaut reconnu.

Il est assez rare, maintenant que toutes les dynamos possèdent des paliers à bagues de graissage, qu'un accident se produise par le fait d'une insuffisance de graissage, mais il est indispensable que les bagues tournent régulièrement et que l'huile soit de bonne qualité, ni boueuse ni chargée d'impuretés.

Dans le cas d'un échauffement considérable, on pourrait craindre de voir l'arbre gripper entre ses coussinets, et c'est pour éviter cette grave éventualité qu'il est prudent de débrayer la machine aussitôt qu'on s'aperçoit du fait, Mais cet accident est assez rare, et ne peut guère survenir qu'à la suite d'un montage très imparfait de la machine sur sa fondation.

Bruit et trépidations des dynamos. — En raison de leur vitesse de rotation élevée (de 1.000 à 2.000 tours par minute), les dynamos font entendre un bourdonnement plus ou moins fort, et les vibrations produites se transmettent, par les charpentes et les planchers, aux murs des bâtiments. Le bruit est même quelquefois assez fort, surtout quand la station électrique comporte plusieurs machines fonctionnant simultanément, pour attirer des ennuis et des procès intentés par les voisins incommodés par ce tapage incessant. Voici les moyens qu'il convient d'employer pour atténuer, sinon supprimer le sourd ronflement des dynamos.

Nous avons dit que ces machines sont reliées à un massif leur servant de socle par des boulons noyés dans la fondation. Les écrous fixant le socle sur les rails peuvent se desserrer petit à petit, et la machine vibre avec le bâti qui la supporte. C'est pour parer à cet inconvénient qu'il est indispensable de visiter tous les jours le degré de serrage de tous les écrous, même ceux des coussinets et de la poulie, qui ont pu prendre du jeu à la longue.

Le plus souvent, c'est la courroie qui est la cause principale du bruit : la jonction cousue ou rivée, de ses extrémités forme un ressaut qui vient battre contre la poulie en produisant un choc qui se renouvelle à chaque tour. Il est donc de toute nécessité de ne faire usage, pour la commande des dynamos, que de courroies collées en biseau de manière à ne former qu'une surépaisseur régulière.

Les balais, ceux surtout munis de blocs en charbon, font souvent entendre en frottant sur les lamelles du collecteur, un sifflement aigu et désagréable qui est d'autant plus strident que les charbons sont mieux taillés et le collecteur plus lisse. Ce bruit peut être supprimé instantanément en humectant très légèrement d'huile la surface du collecteur, mais c'est un remède dont il ne faut pas abuser, la présence d'un corps gras interposé entre ces pièces formant isolant et causant, par suite, un contact défectueux amenant un abondant crachement d'étincelles.

Il arrive encore, lorsque les joints de la courroie sont mal faits et que la courroie glisse sur la poulie, que, par suite du ballottement en résultant, le cuir vient battre périodiquement le palier voisin, en raison quelquefois aussi du jeu latéral laissé à l'arbre dans le but d'obtenir l'usure régulière du collecteur. Dans ce cas, on déplacera légèrement la machine ou sa poulie, et cette simple modification suffira souvent à faire disparaître le bruit.

Enfin il peut encore se faire que l'armature tournante soit mal équilibrée sur son arbre ; certaines parties de sa périphérie sont plus lourdes que d'autres, et il résulte de ce balourd inégal que la dynamo vibre fortement pendant sa rotation ; on s'en aperçoit en posant la main sur le bâti. Le seul moyen de supprimer cette cause de trépidation consiste à munir l'arbre, du côté opposé à la poulie, d'un volant à jante pesante, alourdi du côté opposé au balourd de l'induit par une masse rapportée et dont l'importance est en rapport avec l'inégalité à corriger et qui est établie par tâtonnement, en essayant à diverses reprises l'effet produit par ce volant à contrepoids. Il est bon de vérifier la position des balais sur le collecteur ; elle est bonne lorsqu'il ne se produit que le minimum d'étincelles aux points de contact. Les balais étant mobiles dans leurs supports, on les fait tourner autour du collecteur jusqu'à ce qu'on soit parvenu par tâtonnement à reconnaître le meilleur emplacement.

TABLEAU DE DISTRIBUTION

La dynamo, une fois mise en place et reliée au moteur qui doit la commander par une transmission, dont le rapport a été calculé pour lui donner la vitesse de rotation qui lui convient, on termine l'aménagement de la salle des machines par le montage du *tableau de distribution*. Ce tableau, composé d'un panneau de bois de chêne, ou mieux de marbre blanc, est ordinairement pourvu de tous ses appareils par le constructeur, et il suffit de le fixer à l'un des murs de la salle ou à deux colonnes verticales. Toutes les connexions sont opérées derrière le tableau et il ne reste qu'à relier les circuits à desservir aux barres ou aux bornes disposées à cet effet. Un tableau doit comporter un voltmètre et un ampèremètre généraux, les coupe-circuits principaux, un rhéostat de champ magnétique pour la dynamo, un réducteur et un disjoncteur automatique, au cas où l'installation posséderait une batterie d'accumulateurs, enfin les interrupteurs et commutateurs permettant d'en-

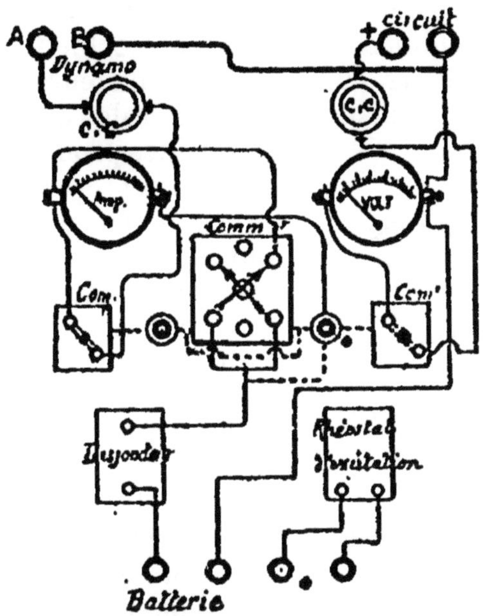

Fig. 42. — Connexions dans un tableau de distribution.

voyer le courant dans les diverses parties du réseau de distribution.

Quand une station d'éclairage est complétée par une batterie d'accumulateurs, celle-ci doit occuper une chambre spéciale, distincte de la salle des machines et largement ventilée, pour permettre l'évacuation des vapeurs acides dégagées à la fin de la charge, sans risque de détérioration des pièces métalliques du moteur ou de la dynamo. Ordinairement, le bâtiment où la station est logée est divisé en trois parties : la première destinée aux générateurs : chaudières à vapeur ou gazogènes, avec un magasin pour le combustible ; la seconde aux moteurs : turbines hydrauliques, machines à vapeur à pistons ou à aubes, moteurs à hydrocarbures ou à gaz pauvres, reliés par transmission mécanique ou par accouplement direct avec les dynamos ou alternateurs à conduire, enfin une pièce bien ventilée pour les accumulateurs ou les transformateurs.

Telles sont les dispositions générales qui sont données aux usines productrices d'électricité, et que l'on trouve presque constamment appliquées, avec de légères variantes dépendent de circonstances particulières auxquelles il a fallu se plier, suivant que l'on a édifié des bâtiments spéciaux pour abriter le matériel électromécanique ou que l'on a utilisé des constructions déjà existantes. Ces aménagements peuvent se faire en même temps que d'autres équipes d'ouvriers procèdent à la pose des canalisations électriques extérieures, ou après que ce travail a été effectué. L'installation étant achevée, on procède aux essais. Dans les cas où ceux-ci révéleraient quelque irrégularité ou quelque imperfection, on apporterait aussitôt le remède convenable. Lorsque tout est reconnu en bon état et que le fonctionnement de tous les organes parfait, l'installation peut alors être mise en service courant, de manière à remplir le rôle auquel elle est destinée.

Fig. 43. — Voltmètre à cadran pour tableau.

CHAPITRE II

L'Éclairage Électrique par arc et par incandescence.

Le phénomène qui donne lieu à la production de ce que l'on appelle la *lumière électrique* a été observé pour la première fois en 1807, par le chimiste Humphry Davy, qui avait réuni par des cônes de charbon de bois imprégnés de mercure, les extrémités des conducteurs reliés aux électrodes terminales d'une batterie de 600 éléments zinc-cuivre, associés en tension montée dans le laboratoire de l'*Institut Royal* d'Angleterre.

En examinant le faisceau lumineux, au moyen de verres noircis, on reconnut qu'il affectait la forme d'un croissant s'appuyant sur les deux extrémités des charbons qui étaient disposés horizontalement. Davy donna le nom d'*arc voltaïque* à cette lumière en honneur de l'immortel inventeur de la pile primaire. Il ne tarda pas à remarquer ensuite que, pendant le passage du courant de la pile, le charbon relié au pôle positif de la batterie s'usait environ deux fois plus vite que l'autre, en rapport avec le pôle négatif et qui se creusait en cratère. Cette lumière éblouissante exigeait une telle complication pour être produite, que le savant chimiste ne crut pas possible une utilisation pratique, et ne la considéra que comme un phénomène curieux, destiné à ne jamais sortir du laboratoire.

Quarante ans s'écoulèrent sans que l'on s'occupât davantage de l'expérience de Davy, devenue cependant classique dans les cours de physique. Puis simultanément, Thomas Wright, Staite et Petrie en Angleterre, Léon Foucault en France, firent connaître cette lumière au public dans une suite d'essais et en employant, pour maintenir à la distance voulue pendant la marche, les deux pointes de charbon entre lesquelles jaillissait l'arc voltaïques, des dispositifs automatiques appelés *régulateurs*.

Le premier perfectionnement apporté dans cet ordre d'idées, consista à tailler les électrodes, dans des morceaux de graphite très dur, résidu de la distillation de la houille et qui se dépose sur les parois internes des cornues à gaz. On obtient ainsi une plus grande durée de ces électrodes. C'est alors que l'on pensa à les fixer sur un mécanisme les rapprochant automatiquement l'un de l'autre à mesure de leur combustion, et c'est en 1848 que furent inventés, comme nous le disions plus haut, les premiers *régulateurs*, ou *lampes à arc*.

Il fallut toutefois, pour qu'on apportât quelque attention à cette invention, que plusieurs électriciens tels que Deleuil, Dubosq, Archereau, entre autres, fissent des expériences publiques de projections lumineuses, et que les machines magnéto-électriques fussent entrées dans la pratique courante. On comprit alors l'importance de cette découverte, et on chercha à simplifier les mécanismes par lesquels on obtenait cette lumière si intense

Le premier régulateur de Foucault était à point lumineux fixe. Les deux tiges porte-charbons étaient sollicitées l'une vers l'autre par des ressorts d'horlogerie enfermés dans des barillets ; dans leur mouvement de rapprochement, ils faisaient défiler un rouage dont le dernier mobile était commandé par une détente. Un électro-aimant, entouré d'un gros fil traversé par la totalité du courant envoyé aux charbons, agissait sur une armature de fer doux dont la course était limitée par le jeu d'un petit ressort antagoniste et c'était cette armature mobile qui commandait la détente enrayant le mouvement du rouage ou le laissant défiler. Ainsi donc, quand l'écartement entre les pointes des charbons augmentait, l'attraction de l'armature de fer doux augmentait également et son mouvement dégageait la détente du mécanisme d'horlogerie qui agissait alors en rapprochant les charbons. C'était donc l'usure de ces baguettes qui amenait l'intervention de l'électro déclanchant le dispositif de rapprochement.

Fig. 44. — Régulateur à effets électromagnétiques.

Perfectionné par Dubosq, puis par Serrin, le régulateur Foucault constitua pendant longtemps un appareil auquel on n'eut rien à reprocher que son prix un peu élevé, et on l'utilisa pour les projections lumineuses au théâtre, les phares et les besoins de la guerre. Puis, quand la dynamo se fut vulgarisée, on songea à créer des modèles plus simples, moins coûteux, et se prêtant à la division de la lumière en plusieurs foyers.

Ces régulateurs exigeant la totalité du courant pour actionner l'électro-aimant de réglage, ne peuvent fonctionner qu'isolément. On comprend qu'en effet, il pourrait arriver avec ce procédé qu'au moment où un des arcs vient à s'allonger, que l'augmentation de résistance résultant de cet allongement se trouvâ compensée par une diminution inverse dans un autre arc. Le régime du courant n'étant pas modifié, l'intensité du courant reste la même et le mécanisme n'agirait pas. Il a donc fallut tourner la difficulté et imaginer d'autres procédés de réglage pour permettre de monter un nombre quelconque de foyers restant indépendants les uns des autres sur une canalisation unique provenant d'un seul générateur.

Classification. — On peut classer les brûleurs à arc

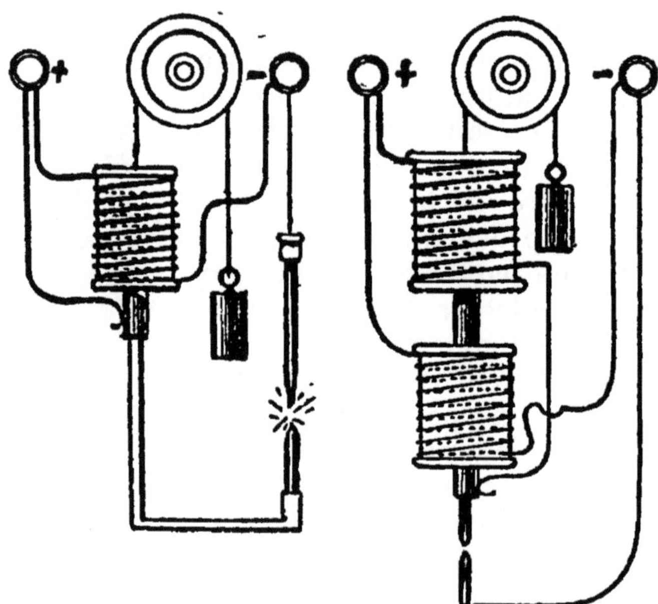

Fig. 45 et 46. — Schéma du réglage en dérivation et par effets différentiels.

actuellement au service pour l'éclairage public et privé en trois catégories, suivant le mode de réglage adopté :

1° Les régulateurs en tension ;

2° Les régulateurs en dérivation ;

3° Et les régulateurs à effets différentiels.

Dans le procédé de réglage *en tension*, la totalité du courant traverse les spires de la bobine agissant sur le mécanisme d'écartement des charbons. En conséquence, si la source d'énergie, batterie de piles, accumulateurs ou dynamos doit alimenter plusieurs foyers, ceux-ci doivent être montés tous en série sur le fil qui part de la source et y revient ; ils sont forcément tous solidaires les uns des autres et doivent être allumés et éteints tous ensemble.

Dans le système en *dérivation*, une partie seulement du courant est dérivée et passe dans la bobine régulatrice ; cette disposition permet de rendre les lampes indépendantes les unes des autres pour l'allumage ou l'extinction. Le courant se partage entre les charbons et la bobine enroulée de fil fin et résistant, et l'intensité relative des deux fractions est inversement proportionnelle aux résistances des deux branchements. La tension règle le fonctionnement ; elle augmente quand l'arc augmente de longueur, et il en résulte que les spires de la bobine se trouvent parcourus par un courant de plus grande intensité et attirent plus fortement le noyau de fer doux, alors l'arc se raccourcit jusqu'à ce que la tension soit redescendue à sa valeur normale.

Enfin, dans le procédé *mixte*, à action différentielle, la lampe est munie de deux bobines, l'une enroulée de gros fil, l'autre de fil fin. L'action de la première tend à allonger l'arc lumineux, tandis que l'autre, par suite de sa grande résistance, tend au contraire à diminuer cette longueur. L'équilibre s'établit ainsi par les effets contraires de ces deux enroulements, et ce système convient particulièrement aux installations d'éclairage comprenant un grand nombre de foyers, car il est très sensible et assure une grande stabilité dans la lumière produite.

Dans ces trois moyens de réglage, l'allumage est obtenu par l'écartement brusque des deux charbons au moment de la fermeture du circuit, les pointes de ceux-ci revenant en contact après chaque extinction et se touchant pendant le repos.

Les lampes à arc peuvent être alimentées soit avec des courants continus, soit avec des courants alternatifs de fréquence moyenne (40 à 120 périodes par seconde). Quand on fait usage de courant continu, on remarque qu'il faut que ce courant possède au minimum une tension de 36 volts pour qu'il jaillisse un arc d'un millimètre de longueur. Il faut donc au moins vingt éléments d'accumulateurs ou de piles au bichromate couplés en tension pour produire la lumière électrique. Quant à l'intensité du courant, elle doit être d'au moins deux ampères, et certains modèles de lampes à arc modernes de faible puissance lumineuse ne dépensent que ce chiffre.

Fig. 47. — Rhéostat pour lampes à arc.

Quand les régulateurs fonctionnent d'après le procédé de la dérivation, il est indispensable de disposer sur chaque circuit qui contient une seule lampe, une résistance additionnelle appropriée. Cette résistance, ou *rhéostat*, est formée de fils en ferro-nickel roulés en spirale que traverse le courant ; son but est double : au moment de l'allumage, elle empêche la lampe d'être mise en *cour-circuit* sur elle-même quand les charbons sont au contact. Le même effet se produit encore, pendans la marche, lorsque, par une cause accidentelle, les charbons viennent à se toucher. En même temps, elle joue le rôle de modérateur et, par l'absorption de courant qu'elle opère, elle maintient l'égalité et la constance de la différence de potentiel entre les charbons.

Souvent, sur les réseaux de distribution urbaines d'éclairage électrique, où la tension normale est de 110 volts, on met deux arcs en tension, et une seule résistance additionnelle suffit pour les deux lampes. On est même parvenu à brancher trois arcs sur cette tension de 110 volts, avec une seule résistance de réglage et, dans ces conditions, la même quantité de lumière coûte environ 30 % moins cher qu'avec deux lampes sur 110 volts. Dans le cas où un grand nombre d'arcs sont disposés en série, les résistances additionnelles deviennent inutiles, et les régulateurs jouent ce rôle les uns par rapport aux autres.

Il existe un très grand nombre de modèles de lampes à arc, dont le fonctionnement est basé sur l'un ou l'autre des trois principes que nous nous sommes efforcés de faire comprendre. Cependant le premier système de réglage tend à être délaissé, et les régulateurs dits *monophotes*, ne pouvant fonctionner qu'isolément, tels que ceux de Serrin, de Dubosq, de Suisse, ne sont plus guère employés que pour les expériences de projections et les phares. Dans l'industrie, on préfère les appareils dits *polyphotes*, réglés en *dérivation* ou *à action différentielle*, et qui se prêtent mieux à la division de la lumière.

Parmi ces modèles qui se disputent la faveur du public, il nous faut citer certains se recommandant à l'at-

8

tention par leurs dispositions originales, leur construction bien étudiée, et leur fonctionnement régulier.

Tels sont les régulateurs à potentiel constant de Gramme, la lampe à solénoïde de Brianne, et les lampes différentielles de Eck, de Pilsen, de Bardon, de la Société la *Lutèce Electrique*, les types simple et double (1) de la *Société Alsacienne de Constructions mécaniques*, de la *Compagnie Générale Electrique de Nancy*, de Weston, de Vigreux et Brillié et de Japy.

Arc en vase clos. — Il est une catégorie de lampes à arc qui a pris une très grande extension dans ces dernières années, en raison des avantages incontestables qu'elles présentent sur leurs devancières, et surtout de l'économie qu'elles permettent de réaliser. Nous voulons parler des *lampes en vase clos*, dont le système Iandus est l'initiateur et le prototype. Dans ce genre de lampes, la combustion des charbons ne peut avoir lieu par suite de l'absence d'oxygène ; il en résulte une usure beaucoup plus lente et une consommation très minime de ces charbons, économie qui n'est pas sans importance quand on pense au prix de ces crayons. Une lampe à arc en vase clos brûle deux cents heures consécutives en consumant 30 centimètres de charbons, tandis qu'un régulateur à l'air libre nécessite le renouvellement de ses crayons toutes les huit ou dix heures. La dépense n'atteint pas avec les deux lampes, le dixième de celle que nécessitent les brûleurs à arc ordinaires ; c'est dire quelle supériorité présente ce dispositif sur les anciens systèmes. D'autre part, l'arc étant plus long dans ces lampes que dans celles brûlant à l'air libre, les rayons lumineux issus du charbon supérieur ont un passage plus facile et, étant projetés sous un angle de

(1) A une ou deux paires de charbons disposées parallèlement.

28 degrés ou lieu de 45, ils donnent un éclairage plus uniformément réparti sur la surface à illuminer.

Le réglage, nécessité par l'usure des charbons brûlant à l'intérieur d'un manchon de verre enfermé dans un globe ou une ampoule de cristal à fermeture hermétique, est opéré par l'ensemble des forces : pesanteur du porte-charbon supérieur et action électro-magnétique ; cette dernière diminuant lorsque l'arc s'allonge outre mesure, le noyau de fer est relâché et le porte-charbon descend. Un tube fixe soulève alors légèrement des galets entre lesquels le crayon de charbon se trouve coincé et lui permet de descendre jusqu'à ce que le courant ait repris sa valeur normale et relève la partie mobile qui cause le coinçage de galets et immobilise l'ensemble.

Il existe maintenant de nombreux systèmes de lampes à arc en vase clos, basés sur le même principe que la Iandus ; on peut citer parmi les mieux étudiés, ceux de la Compagnie Française Thomson-Houston, de Japy frères, de Bardon et de la *Société Alsacienne.*

Bougies. — A côté de ces brûleurs exigeant un mécanisme pour assurer la continuité de la lumière, nous devons placer un autre dispositif qui a eu un moment de grande vogue, mais qui n'existe plus guère maintenant qu'à l'état de souvenir, nous voulons dire la *bougie électrique*, inventée en 1876, par Jablochkoff.

Cette bougie se composait de deux crayons de charbon, non plus disposés dans le prolongement l'un de l'autre, mais côte à côte. Ils étaient séparés par un isolant composé d'un mélange de plâtre et de baryte appelé *colombin ;* une *amorce* en plombagine réunissait l'extrémité des baguettes et permettait l'allumage ; la longueur de la bougie était de 30 centimètres et le diamètre de 4 millimètres.

On sait que si l'on alimente un brûleur à arc voltaïque avec du courant continu, l'un des charbons, le positif, s'use deux fois plus rapidement que l'autre. Pour éviter cette usure inégale, il faut employer des courants alternatifs et c'est, bien entendu, ce que fit Jablochkoff. Cependant, malgré cette simplicité, la bougie électrique n'eut qu'une vogue éphémère et ne tarda pas à céder la place aux lampes à arc à l'air libre ou en vase clos, à réglage par le courant lui-même.

Le rendement lumineux de l'arc est meilleur que celui de l'incandescence. C'est-à-dire qu'avec la même dépense d'électricité, on obtient une somme de lumière plus élevée. Mais il faut compter avec la dépense de crayons de charbon, qui peut être évaluée à 5 centimètres environ à l'heure pour l'arc à l'air libre. Quoi qu'il en soit, il existe maintenant dans le commerce d'excellents modèles de lampes à arc pour l'éclairage extérieur et intérieur des habitations, dont la consommation est très faible et qui fonctionnent très bien par deux ou par trois sur les circuits à 110 volts, avec une intensité de courant depuis 2 ampères.

ÉCLAIRAGE PAR L'INCANDESCENCE

Lampe à filament de charbon. — Quelle que soit la provenance du carbone constituant le filament qui produit la lumière dans les lampes à incandescence dans le vide, le fonctionnement de ces lampes est toujours basé sur le même principe : celui de l'échauffement d'un conducteur résistant sous l'effet de la circulation d'un courant. C'est donc un principe tout différent de celui de l'arc voltaïque précédemment étudié.

D'après une loi formulée par le physicien Joule, le dégagement de chaleur, dans un conducteur de résistance R a pour expression : Q=ARI2, A étant une constante,

I l'intensité du courant et Q la quantité de chaleur développée.

Quand cette chaleur est suffisante pour porter à l'incandescence le fil traversé par le courant, on obtient une source de lumière dont la puissance dépend de la température atteinte et du pouvoir émissif de la substance utilisée. Cette substance doit remplir plusieurs conditions, dont les principales sont une résistance électrique suffisante, une certaine solidité pour résister aux efforts de dilatation et aux chocs, enfin elle doit être réfractaire et posséder le plus haut pouvoir émissif possible. Dans les débuts, on avait essayé le platine, mais il manquait de résistance et son point de fusion n'était pas assez élevé; ce fut Edison qui inventa la première lampe pratique en utilisant le charbon, qui est à la fois réfractaire et résistant. Depuis lors, on n'a apporté que des modifications de détail à la constitution de ces lampes, mais les procédés de fabrication ont été sensiblement perfectionnés, pour augmenter la production, tout en diminuant la consommation de courant pour une même quantité de lumière.

Fig. 48 et 49. — Lampes à filament de charbon.

Le filament constitutif des lampes à incandescence modernes est donc en carbone, obtenu en filant de la cellulose dissoute dans du chlorure de zinc, un mélange d'alcool et d'éther, d'acide sulfurique, etc. Le fil poussé sous forte pression par une filière est d'abord carbonisé en vase clos, de manière à être transformé en carbone, puis il est soumis à l'opération du *nourrissage*, qui a pour but de lui donner une section régulière sur toute sa longueur, en même temps que lui fournir une texture plus homogène et une moindre résistance. Cette opération s'exécute ordinairement de la manière suivante :

Dans l'un des procédés employés, les filaments, au sortir du four de carbonisation, sont montés sur un circuit parcouru par le courant d'une dynamo, et plongés dans un bain d'huile lourde de pétrole ; on les porte ainsi au rouge sombre. L'huile minérale, mauvaise conductrice de la chaleur et du courant, se dissocie et son carbone se dépose sur le filament. Comme la dissociation de l'huile est d'autant plus rapide que le point en contact du filament est à une plus haute température, les irrégularités se nivellent, les points les moins épais viennent à la hauteur des saillies qui ne décomposent que peu ou pas l'huile en contact, leur température n'étant pas assez élevée. Lorsque le diamètre est devenu uniforme, on continue le dépôt de carbone jusqu'à ce que les filaments aient atteint la résistance voulue, ce que l'on vérifie à l'aide d'un voltmètre.

Dans un autre procédé, on monte le filament informe dans son ampoule et on le porte au rouge par le passage du courant, pendant que l'on entretient dans cette ampoule une atmosphère hydrocarburée formée par un mélange de gaz d'éclairage et de gazoline. Les hydrocarbures sont décomposés par l'action de la chaleur, et, comme dans le premier cas, ils déposent du carbone sur les parois faibles du filament. Après les opérations du nourrissage, on mesure la résistance et le diamètre de chaque filament et l'on classe la fabrication suivant les valeurs obtenues. Si la chose est nécessaire, on soumet ceux dont la résistance est trop faible à un second nourrisage.

Le filament nourri d'une lampe à incandescence se compose donc, en définitive, d'un noyau de carbone ordinaire recouvert d'un tube ou enveloppe en charbon graphitique d'aspect métallique, solide et présentant 6 fois moins de résistance que le charbon formant l'âme intérieure. Au début, l'opération du nourrissage était très courte, mais on a reconnu depuis qu'il y avait intérêt à augmenter la proportion de charbon graphitique. Toutefois, ce résultat n'a pu être atteint qu'en diminuant la section de l'âme et en augmentant la longueur. On est passé ainsi successivement de la forme primitive en V à la boucle, puis à la grande boucle maintenue en son milieu et enfin à l'usage de deux filaments en V couplés en tension, ce qui abaisse la résistance au tiers de sa valeur. Le tube graphitique déposé par le nourrissage a une épaisseur égale au dixième environ du filament terminé, de sorte que la section se compose de un tiers de graphite et de deux tiers d'âme.

La température atteinte par le filament d'une lampe à incandescence normalement poussée oscille entre 1,700 et 1,800 degrés, et la résistance électrique est alors égale à la moitié de sa valeur à 15°.

Les connexions métalliques du filament au circuit extérieur traversent l'épaisseur de l'ampoule et il est de toute nécessité, pour éviter les rentrées d'air, que le support et le verre aient le même coefficient de dilatation, autrement, à la suite des allumages et des extinctions répétées ce support se séparerait du verre à chaque variation de température et l'air rentrant chaque fois brûlerait peu à peu le filament dont la résistance augmenterait rapidement au détriment de son rendement lumineux. Seul, le platine répond à ces conditions, mais comme il est extrêmement coûteux, ce métal n'est employé que pour la traversée du verre, le reste est en cuivre. Les deux supports sont d'abord réunis par un filet de verre transversal destiné à les maintenir à l'écartement voulu ; leur extrémité est trempée dans un mélange de gomme arabique, de graphite et d'oxyde de cuivre et c'est entre eux que sont fixées les deux extrémités du filament. Sous l'action du chalumeau oxhydrique, l'oxyde de cuivre est réduit, et le filament se trouve soudé au cuivre du support par une goutte de métal fondu.

L'ouvrier met en place, à l'intérieur de l'ampoule de verre mince, le filament et son support, puis il chauffe la couronne et quand celle-ci est ramollie, il amène avec des pinces le support dans le goulot à une hauteur convenable pour que le filament soit bien droit et dans l'axe de l'ampoule.

Les lampes sont ensuite soudées par leur pointe effilée, préalablement ouverte, sur une canalisation de verre dans laquelle on opère le vide soit avec une pompe mécanique, soit avec une pompe-trompe à mercure d'Alvergniat ou de Sprengel. On enlève d'abord la plus grande partie de l'air avec la pompe mécanique, et on termine avec la pompe à mercure. La canalisation, disposée avec la batterie de pompes à vide sur un châssis vertical en bois, peut recevoir 500 pompes pour opérer le vide dans 1,000 lampes à la fois. Quand la pression intérieure commence à être très réduite, on fait passer le courant dans les filaments pour les porter au rouge jusqu'à la fin de l'opération dans le but d'extraire les gaz occlus dans les pores du charbon. Enfin on ferme au chalumeau la pointe de la lampe en la séparant du tube en verre auquel elle est rattachée.

Les lampes terminées sont portées au laboratoire de photométrie, où elles subissent deux essais, portant l'un sur le degré de vide, l'autre sur la puissance lumineuse. La vérification du degré de vide est exécutée à l'aide d'une bobine de Ruhmkorff dans des réophores, en forme de cuiller serrant l'ampoule de verre ; si le vide est imparfait, le globe se remplit d'une lueur bleuâtre ou violacée, ce qui indique que la lampe doit être renvoyée à l'atelier des pompes à vide. Dans le cas contraire, quand le vide a été suffisamment poussé, l'intérieur de l'ampoule reste obscur et seule la surface du verre prend une teinte fluorescente verte.

Le second essai permet de déterminer l'étalonnage de la lampe et est opéré au photomètre, par comparaison avec une autre source lumineuse d'intensité connue. Lorsque les lampes sont livrées au commerce, elles portent une étiquette indiquant la puissance lumineuse en bougies décimales sous une tension fixée en volts.

Avant d'être mises en magasin, les lampes sont pourvues d'un *culot*, en plâtre ou en vitrite, entouré d'une enveloppe métallique. L'extrémité inférieure des fils de cuivre du support est soudée à deux plots de laiton qui serviront à établir les connexions avec le circuit de distribution. Il existe deux formes de culots : celle à *vis* pour lampe Edison, et celle à *baïonnette*, plus employée. Dans la première, l'enveloppe métallique du culot présente des cannelures formant les filets d'une vis ; dans l'autre, deux tenons transversaux traversant le cylindre suivant son diamètre. Cette vis ou ces tenons servent à maintenir la lampe dans la douille destinée à le recevoir et qui est fixée à l'extrémité d'un raccord ou d'un bras de lumière.

Lampes à filament métallique. — On peut reprocher à la lampe à incandescence à filament de carbone une consommation de courant assez élevée, si l'on tient à lui assurer une longue durée de fonctionnement atteignant de 800 à 1.000 heures. Pour diminuer cette dépense, on s'est d'abord avisé d'un moyen ingénieux, consistant à *pousser* les lampes, en leur faisant absorber une puissance supérieure à celle normale et pour laquelle le fabricant l'a étalonnée. Le rendement lumineux est beaucoup meilleur, mais aux dépens de la durée de la lampe. qui s'abaisse alors à 200 ou 250 heures. Ainsi, en plaçant sur un circuit à 11 volts une lampe étalonnée 10 volts-10 bougies, la lumière sera de 16 bougies avec une dépense de 2 watts 5 bougies au lieu de 4 watts. On réalise donc une sérieuse économie, même en usant 4 lampes pour une, comme le prouve la comparaison suivante, en admettant que le courant est vendu par le secteur à raison de 0,80 le kilowatt-heure.

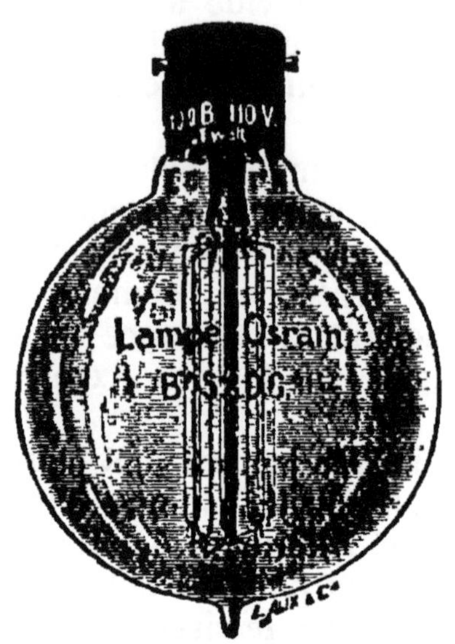

Fig. 50. — Lampe Osram.

1° Lampe normale, durée 1000 heures

16 bougies à 4 watts par bougie=64 watts pendant 1000 heures à 6 kw. 5 à 0,80.............	52 »
1 lampe 16 bougies............................	0 60
Total..........	52 60

2° Lampe poussée, durée 200 heures

16 bougies à 2,5 w. par bougie=40 watts pendant 1000 heures=4 kilowatts à 0,80................	32 »
5 lampes de 10 bougies à 0,60.................	3 »
Total..........	35 »

On réalise donc un bénéfice net de 17 fr. 60 par foyer en employant la méthode du *poussage* et en réduisant la durée des lampes au quart de la normale. Ce bénéfice est d'autant plus grand que le tarif de vente de l'énergie électrique est plus élevé.

Cependant, ce procédé ne permet que de tourner la difficulté sans la résoudre entièrement ; il n'en est pas de même lorsqu'on prend, pour constituer le filament, une matière autre que le carbone, par exemple un métal très réfractaire et susceptible de s'étirer en fils extrêmement fins. Tout d'abord, le physicien allemand Nerst a combiné un système fonctionnant à l'air libre et utilisant l'incandescence d'un mélange d'oxydes de zirconium, de thorium, d'yttria et autres terres rares, moulé sous la forme d'un bâtonnet de quelques centimètres de longueur. Mais ce bâtonnet doit être préalablement chauffé à une température de 1,000 degrés pour devenir conducteur du courant, et cette chaleur est fournie par une spirale de platine entourant le cylindre céramique. La consommation spécifique est de 1 watt par bougie ; la tension normale d'alimentation de 220 volts.

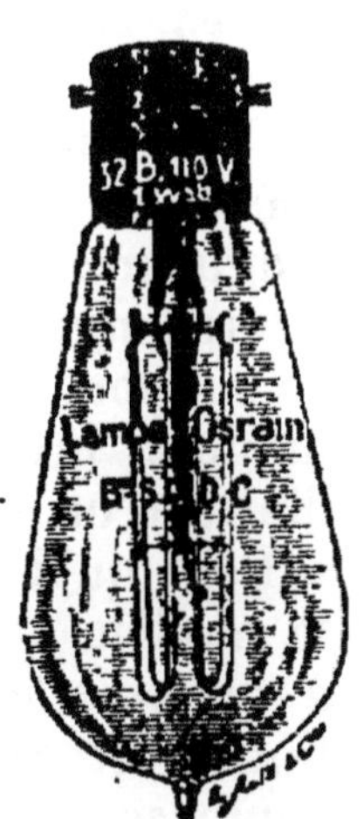

Fig. 51. — Lampe Osram (autre modèle).

Les électriciens Siemens et Halske sont les premiers qui aient réussi à fabriquer industriellement des lampes électriques à filament métallique. C'est le tantale qui a été choisi, et malgré son prix élevé, ce système s'est rapidement répandu, en raison de sa consommation réduite, qui varie entre 1 watt et 1 watt 5 par bougie, avec une durée moyenne de 800 heures. La tension nécessaire est celle de10-120 volts, qui est celle que l'on rencontre le plus fréquemment dans les secteurs de distribution.

Depuis lors, on est parvenu à étirer en fils capillaires

et cependant de grosseur uniforme, sur toute leur longueur, des métaux non moins réfractaires que le tantale, et tels que le tungstène, le titane, l'osmium, etc. Les lampes à filament métallique tendent à se substituer de plus en plus aux lampes à filament de carbone, bien que ces dernières soient d'un prix notablement inférieur. Mais leur consommation spécifique est tellement réduite que l'on regagne rapidement la différence sur le prix d'achat par l'économie de courant qu'elles permettent de réaliser.

APPAREILLAGE POUR L'ÉCLAIRAGE PAR INCANDESCENCE

Pour faciliter la pose et le changement des pièces usées, les culots des lampes à incandescence sont d'une longueur et d'un diamètre uniformes, de manière à être interchangeables, et il en est de même des douilles de support qui sont reliés au support définitif : bras de lumière, branche de lustre, patère, etc., par l'intermédiaire d'un raccord taraudé.

Bien qu'il existe différentes dispositions de douilles, le modèle qui reste le plus usité est encore celui dit *à baïonnette*, qui se compose de quatre parties distinctes et démontables : la douille proprement dite ; l'embase taraudée, la rondelle de porcelaine interne et la bague serrant le tout pour en faire un objet unique et rigide.

Le contact et la communication du courant aux deux plots du culot de la lampe est assuré par deux petits pistons à ressort montés sur la rondelle de porcelaine qu'ils traversent. Il faut, pour mettre la lampe en place, refouler la tête de ces pistons élastiques et opérer un mouvement de droite à gauche pour faire pénétrer les goupilles transversales dans les échancrures à baïonnette. Les ressorts à boudin forcent les pistons à appuyer sur les plots, et le contact est parfait.

Lorsque plusieurs lampes sont montées en dérivation sur un circuit commandé par un interrupteur unique, il est bon de pouvoir allumer ou éteindre chaque lampe individuellement. Dans ce cas, on fait usage de douilles à interrupteur ; celui-ci étant formé par un levier horizontal, mobile de droite à gauche et commandant le déplacement d'un dé de porcelaine établissant ou interrompant la communication du circuit avec la lampe.

Pour mettre en place les fils de dérivation amenant le courant, on commence par les passer côte à côte à l'intérieur de la patère ou du bras et du raccord, puis à travers l'embase de la douille en ne les laissant dépasser que juste de la longueur convenable. On dénude chacun de ces fils sur une longueur de deux centimètres, en coupant le guipage et l'isolant sans entamer le cuivre. On gratte celui-ci avec une lame tranchante ou on le frotte avec un morceau de papier de verre ou de toile d'émeri pour le polir, puis on tourne chaque extrémité à l'aide d'une pince ronde, et on en fait un anneau que l'on engage sur la tige du piston à ressort, et que l'on serre en revissant sur cette pièce l'écrou supérieur. De cette manière, le fil est solidement maintenu.

Le raccord est l'accessoire qui relie la douille de support, soit à la patère, soit à l'appareil de lumière. Sa forme est très variable : c'est un tube terminé par un taraudage, un étrier, etc., et il est rectiligne, coudé, contre-coudé en col de cygne et se visse à l'embase de la douille qu'il prolonge. Les fils de raccord passent à l'intérieur de ce tube et sont par suite invisibles.

L'ampoule de cristal contenant le filament que le courant doit porter à l'incandescence est ordinairement entouré d'une pièce destinée à diffuser la lumière : abat-jour, globe ou tulipe. Cette pièce est maintenue en place par une griffe à trois branches, dont les extrémités sont munies de vis de serrage s'engageant dans la gorge formée par la collerette de la verrerie. Dans certains modèles de griffes, l'extrémité de chaque branche est coudée à angle droit et une seule vis suffit pour maintenir l'abat-jour. Celui-ci se fait en métal, émaillé à l'intérieur, vernis à l'extérieur, ou en opaline. Il s'emploie principalement pour l'éclairage des bureaux, ateliers, vestibules, cuisines, et lorsque la lampe est fixée au plafond, mais il est peu décoratif. Dans tous les autres cas, on lui préfère la tulipe, en forme

Fig. 52 et 53. — Tulipes.

de coupe ou de coupole hémisphérique en cristal incolore, transparent, translucide ou complètement opaque et quelquefois légèrement teinté. Ce cristal peut être lisse ou strié, taillé, cannelé, ondulé ou irisé et les bords festonnés ou présentant toutes sortes de contours. Quelle que soit sa forme, la tulipe est maintenue en place par les branches de la griffe à trois dents et à vis de pression.

Patères, prises de courant et lampes transportables. — Les bras de lumière destinés à être fixés aux murs ne sont pas, en général, directement appliqués à la surface de ceux-ci : on interpose une *patère*, en forme de disque, en bois ou en métal, au centre duquel se visse le raccord et qui s'attache lui-même à la muraille, soit par une agrafe soit par des vis. La patère porte sur sa face antérieure une échancrure pour donner passage aux fils qui sont dissimulés ensuite à l'intérieur d'une moulure en bois.

Un dispositif de lampe très usité est la suspension à contrepoids, qui se compose de trois pièces : une rosace en bois verni ou en porcelaine, fixée au plafond ; un contrepoids ovoïde, en porcelaine blanche ou décorée ou en métal, et enfin la douille avec l'abat-jour et la lampe. En tirant sur cette dernière, on la suspend à la hauteur que l'on désire, son poids se trouvant contrebalancé par le contrepoids.

Les lampes portatives, ou mieux transportables, se composent d'une tige verticale vissée dans un poids assez lourd, de forme circulaire.. Sur cette tige peut coulisser un bras horizontal ou recourbé en col de cygne que l'on arrête à la hauteur que l'on veut par une vis de pression. Ce bras reçoit la douille et ses accessoires : griffe et tulipe ; la lampe est mise en rapport avec la canalisation amenant le courant par un cordon souple à deux conducteurs, se terminant par un *bouchon* de prise de courant à broches. Ce bouchon est composé de deux pièces : le bouchon proprement dit et le socle. Ce dernier est disposé à poste fixe dans un point déterminé de la canalisation à laquelle il est relié ; il est muni de deux trous dans lesquels viennent s'engager les broches métalliques du bouchon. On peut agencer plusieurs prises de courant de ce genre à l'intérieur d'une même pièce, et on peut y raccorder le bouchon de la lampe, qui peut ainsi être transportée d'un endroit à un autre et continuer à fonctionner.

Accessoires des lampes. — Coupe-circuits et interrupteurs. — Bien que chaque dérivation alimentant un groupe de lampes à incandescence soit pourvu d'un coupe-circuit et d'un interrupteur, il est bon de munir chaque foyer d'un appareil individuel assurant ainsi la sécurité. On peut se contenter, pour une lampe, d'un coupe-circuit unipolaire, c'est-à-dire branché sur un seul fil, alors que les dérivations où circule un courant de 5 ampères au moins doivent recevoir des coupe-circuits *bipolaires*, c'est-à-dire intercalés sur les deux fils. La forme des coupes-circuits est celle d'un disque ou d'un rectangle en porcelaine blanche émaillée recevant les pinces destinées à maintenir en place le fil fusible en plomb. Le coupe-circuit est fermé par un couvercle vissé sur le socle ou maintenu par une tige filetée et un écrou de pression.

Fig. 54 et 55. — Interrupteur et commutateur à manette sur socle bois.

Les interrupteurs, qui jouent le même rôle pour l'électricité que les robinets pour le gaz ou l'eau, présentent des formes très variées et des couleurs pouvant s'harmoniser à toutes les tonalités d'ameublements. Les plus simples sont constitués par un disque de bois verni, se fixant aux murs par des vis, et devant lesquels se déplace une petite manette de cuivre à poignée de bois, montée sur un pivot, et dont l'extrémité s'appuie sur un plot. Le courant arrivant par le pivot s'échappe par le plot lorsque la manette touche celui-ci et le circuit se trouve fermé. (Fig. 54 et 55).

On emploie de préférence, dans les appartements, les interrupteurs à clé, en porcelaine blanche ou décorée ou en ivorine, de forme circulaire et pouvant se visser aux murs. Le socle, percé de deux trous, porte deux petites tiges à écrou, sous lesquels se fixent les fils amenant le courant, préalablement dénudés de leur isolant. La clé commande une pièce mobile s'engageant entre des mâchoires à ressort, en rapport avec les tiges à écrou par une lame de laiton, et le contact entre ces pièces est parfait. Un ressort de rappel permet d'opérer la séparation presque instantanée des pièces en contact et d'avoir une rupture brusque du circuit pour l'extinction. Le socle de l'interrupteur est surmonté d'un couvercle se vissant par dessus et percé d'une ouverture circulaire centrale donnant passage à la clé.

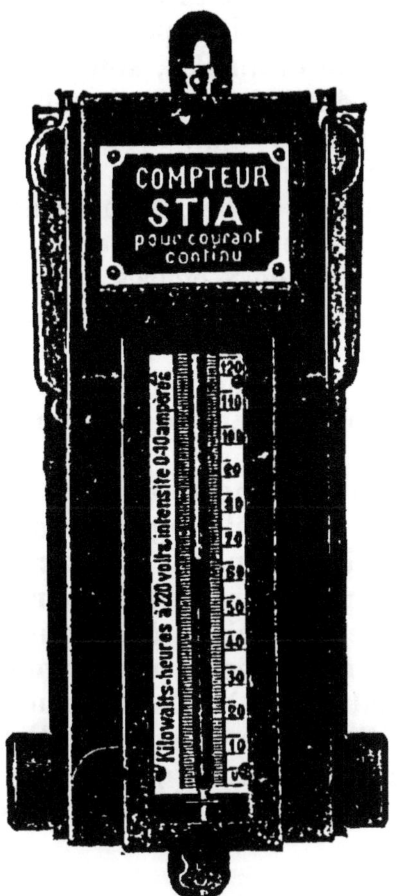

Fig. 56. — Compteur d'électricité « Stia », de Richard Heller.

Quand on veut envoyer le courant dans l'une ou l'autre des lampes d'un même groupe, l'interrupteur est remplacé par un commutateur à plusieurs directions comportant autant de plots de contact et d'attaches de fils qu'il y a de lampes à allumer ou à éteindre individuellement.

Calcul de l'éclairage d'un appartement. — Un intérieur de tonalité moyenne, ni trop clair ni trop sombre, est éclairé d'une façon satisfaisante en employant des lampes de 5 à 24 bougies en nombre tel que la somme totale de lumière produite par ces lampes, exprimée en bougies décimales, soit égal à la moitié du volume du local énoncé en mètres cubes. Par exemple, une salle à manger de 4 m. 50 de longueur, 3 m. 25 de large et 2 m. 80 de haut, ce qui correspond à un volume de 41 mètres cubes, sera suffisamment éclairée par deux lampes de 10 bougies ou une lampe de 24 bougies. Dans un salon de 8 mètres de long, 5 de large et 3 de haut, c'est-à-dire d'un cube de 120 mètres, il faudra 60 bougies. Pour forcer l'éclairage en certains points ou le mieux diffuser, on pourra employer des appliques ou des plafonniers de plusieurs lampes de 5 ou de 10 bougies.

On peut encore calculer le nombre de bougies nécessaire à un éclairage normal en se basant sur la surface linéaire des pièces à éclairer et en comptant sur 2 bougies par mètre carré. Pour un éclairage brillant, il faut porter ce chiffre à 5 bougies, et même à 20 bougies par mètre pour une illumination intensive (scènes de théâtre, etc.). Enfin, pour les locaux industriels, le chiffre varie d'une installation à l'autre, suivant le genre de travail qui doit s'y exécuter, et il est difficile de donner des indications fixes et immuables.

CHAPITRE III

Comment s'installe un réseau d'éclairage électrique à l'intérieur d'un appartement ou d'une maison.

Les circonstances se rencontrent fréquemment où la première personne venue peut s'improviser électricien et entreprendre avec toute certitude du succès final, l'installation et la mise en place de nombre d'appareils usuels d'électricité, générateurs ou récepteurs. Il suffit, pour réussir dans ce genre d'entreprise, de procéder méthodiquement et de déployer toute la patience nécessaire dans la pose des conducteurs et la préparation des joints, c'est-à-dire des jonctions de fils secondaires ou de dérivation sur les fils principaux amenant le courant. Il est nécessaire toutefois de savoir convenablement souder au chlorure de zinc et à la résine, à l'aide de la lampe et du fer à souder. Les jonctions ne seront, en effet, correctes que si les conducteurs mis en rapport sont soudés l'un à l'autre, et non pas simplement associés par une torsade exécutée en les roulant l'un autour de l'autre. Mais avant de parler de l'exécution du travail, il nous semble nécessaire de dire quelques mots des canalisations elles-mêmes et de leurs accessoires.

LES CANALISATIONS ÉLECTRIQUES

Rappelons tout d'abord que l'on ne fait usage, pour les canalisations à l'intérieur des habitations, qu'il s'agisse de courant continu ou de courants alternatifs à basse tension, que de fils de cuivre recouverts d'une ou deux couches d'isolant, séparées par un ou deux rubans, le tout étant recouvert à son tour d'un guipage en coton (plus rarement en soie). Ces conducteurs sont destinés à relier les câbles de distribution aux appareils d'éclairage ; leur développement n'est donc jamais bien grand, et la perte de charge (ou de tension) est inférieure à 2 % à leur extrémité la plus éloignée du point de départ. Lorsque le potentiel de la distribution est de 110 volts, on donne à ces fils une section moyenne de 1 millimètre carré par ampère transporté. L'échauffement est insignifiant, même pour de fortes sections de conducteurs lorsqu'on adopte ce chiffre. Dans les distributions au potentiel de 220 volts, on peut admettre des densités de courant de 2 ampères par millimètre carré. Une densité moitié moindre correspond à une chute de tension d'environ 2 volts par 100 mètres de fil.

La section la plus convenable à donner aux conducteurs, en fonction de l'intensité qui les traverse, est d'ailleurs déterminée par des règles fixes établies par l'expérience. Voici les chiffres qui ont été indiqués à ce sujet par feu le professeur Hospitalier.

1. Canalisations à haute tension.

Section	Intensité.
1,5	6
2,5	10
4	15
10	30
6	20
15	40
25	60
35	80
50	100
70	130
95	160
120	200
150	235
240	330

2. Canalisations intérieures.

Diamètre.	Section.	Intensité.
1	0,79	6
1,2	1,13	8
1,4	1,54	10
1,8	2, 5	15
1,6	2	13
2	3, 1	18
2,4	4, 5	24
3,2	8	36
4,0	13	50
4,5	16	60
5	20	70
6	28	90
8	50	150
10	79	200

3. Canalisations à basse tension.

Section.	Intensité.
0,75	3
1	4
1, 5	6
4	15
2, 5	10
6	20
10	30
25	60
50	100
95	165
120	200
240	330
500	600
1000	1000

Bien entendu, les sections définies par ces chiffres sont des minima au-dessous desquels les installations ne seraient plus acceptées par les Associations susmentionnées. Il est avantageux d'ailleurs, surtout pour les basses tensions, de faire usage de sections plus grosses.

Le diamètre des fils s'exprime en millimètres ou en dixièmes de millimètre et il se mesure au moyen de *palmer*, petit instrument à vis micrométrique, ou d'instruments appelés *jauges* et composés d'un disque d'acier portant à sa circonférence une série d'encoches plus ou moins larges, dans lesquelles on engage le fil à mesurer, et qui porte chacune un numéro d'ordre. On désigne sous le nom de *jauge carcasse* une jauge spéciale se rapportant à des fils très fins, et dont les numéros expriment en dixièmes de millimètre le diamètre des fils mesurés.

Pour les canalisations à l'intérieur des habitations, il n'est fait usage que de conducteurs soigneusement isolés à la gutta ou au caoutchouc, recouverts ensuite de plusieurs ganses ou guipages de coton ou plus rarement de soie. Lorsque l'isolement doit être parfait, on fait usage de plusieurs *rubans* isolants, superposés et entrecroisés, ou de tresses imbibées d'isolant et recouvrant le fil de cuivre. Les conducteurs sont tendus le long des murs entre des supports de formes variables ; en porcelaine ou en bois, ou placés à l'intérieur de planchettes découpées recouvertes d'un couvercle, et désignées sous le nom générique de *moulures*. Dans les traversées des murs, les fils passent à l'intérieur de tubes en laiton, intérieurement revêtus de caoutchouc. Enfin on utilise encore, au lieu de moulures en bois, des tuyaux en carton enduit de bitume. Ces tuyaux ont un diamètre allant de 7 à 50 millimètres et présentent

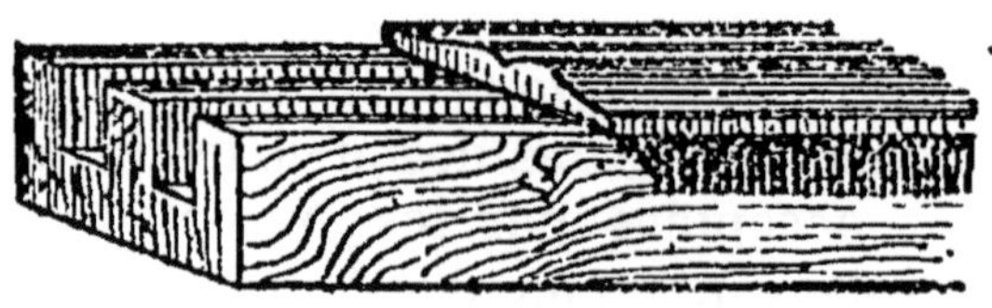

Fig. 57. — Moulure.

une grande légèreté alliée à une remarquable rigidité. Ils se fixent le long des murs, à la partie supérieure des pièces près de la corniche, et sont maintenus en place par des agrafes ou des colliers de laiton fixés aux murs par des pointes. Toutes les fois que la chose est possible, et notamment dans les constructions nouvelles, les tuyaux sont posés à l'intérieur des murs et recouverts de plâtre, leurs extrémités seules étant laissées libres pour recevoir les boîtes de jonction. Il faut avoir soin toutefois d'éviter l'usage du ciment dont le contact prolongé corrode la matière des tubes.

Les tuyaux en papier bitumé sont fabriqués par longueurs de 3 mètres pour en faciliter le transport et la mise en place ; les jonctions sont opérées sur place. Les deux extrémités des tuyaux à relier sont d'abord coupées bien droit ; on enlève ensuite les bavures, on introduit les deux tuyaux dans un tube de laiton de quelques centimètres de longueur et d'un diamètre un peu supérieur, puis on les approche l'un de l'autre jusqu'à les faire se toucher. A l'aide d'une pince à sertir, on serre le tube de laiton en divers points, ce qui permet de faire pénétrer ce dernier dans le tuyau isolant et d'établir une jonction parfaite. Une fois les tuyaux mis en place, on introduit les fils à l'intérieur ; on y insuffle d'abord du talc pulvérisé pour faciliter leur glissement, et on les attache à une tige d'acier ou à un fil de fer que l'on fait sortir à l'autre bout et que l'on tire doucement jusqu'à ce que le ou les conducteurs apparaissent.

Suivant les nombreux détours que les fils ont souvent à faire dans un appartement, les tubes doivent être contournés en coudes plus ou moins brusques, mais le cas a été prévu et il existe un assortiment de coudes pour répondre à tous les besoins. Quand il y a plusieurs dérivations à réunir, on fait plutôt usage de boîtes en carton bitumé présentant la forme d'un petit coffret ou d'un cylindre, avec des ouvertures sur les côtés en nombre variable pour recevoir plusieurs tuyaux venant de directions différentes. C'est à l'intérieur de ces boîtes que s'effectuent les jonctions des fils, soit avec des coupe-circuits, des prises de courant ou des commutateurs. Lorsque ces boîtes sont dissimulées dans le mur, un petit couvercle laisse deviner la place où elles sont situées, ce qui est indispensable pour la visite des jonctions et des appareils.

Ce genre de canalisations n'est pas beaucoup plus coûteux que les moulures ordinaires en sapin, avec couvercles de profils variés ; il se met en place sans difficultés et fournit un très bon isolement variant entre 20 et 80 mégohms.

Les conducteurs, non placés sous tubes ou moulures, et simplement tendus le long des murs intérieurs des appartements, doivent reposer sur des supports en matière les isolant électriquement du contact de ces murs. C'est la porcelaine émaillée qui demeure la substance la plus usitée pour les fils de lumière et qui constitue les *isolateurs* en forme de cloche ou de taquet. Ces isolateurs doivent en effet satisfaire aux conditions suivantes : l'humidité de l'air doit ne pas pouvoir se condenser à leur surface ; les gouttelettes d'eau de pluie doivent se diviser en gouttelettes séparées les unes des autres sans pouvoir former de nappe d'eau continue ; l'évaporation doit se produire facilement et les poussières ne pas s'amasser et coller à la surface de la porcelaine, toutes qualités que le verre est loin de posséder au même degré.

La forme des isolateurs est celle d'un cylindre ou d'une petite cloche surmontée d'un bouton ; le type dit *à cloche simple*, a la forme d'un cylindre creux supportant une tête centrale évidée et un ou deux ergots latéraux. Le ou les conducteurs se placent entre la tête et l'un de ces ergots. Pour éviter que les chocs et les balancements dus au vent ne fassent sortir le fil de son logement, on le maintient en place à l'aide d'un fil de fer qui entoure la tête de porcelaine et serre le conducteur dans une position fixe. La tête de l'isolateur est creuse intérieurement pour recevoir, par un scellement au soufre, la console ou la ferrure de fixation. Dans le type d'isolateur dit *à gorge supérieure*, la disposition interne est identique à celle du type précédent ; la tête porte, à sa partie supérieure, une rainure destinée à recevoir le conducteur. Cette rainure est quelquefois infléchie à ses deux extrémités pour mieux épouser la forme du conducteur. Quand on veut protéger la porcelaine contre les chocs, on l'enferme à l'intérieur d'une enveloppe métallique qui vient se visser sur la tête de l'isolateur et porte, soit des oreilles, soit une rainure pour recevoir le fil.

Afin d'atténuer les pertes de courant par la tige métallique centrale, soit par le fait de l'humidité, soit par celui des poussières déposées par le vent, on fait aussi l'isolateur à *double cloche* concentrique, ne différant du premier qui a été décrit, que par sa conformation intérieure. L'isolement obtenu est, toutes choses égales d'ailleurs, environ deux fois plus élevé. On conçoit sans peine, en effet, que la pluie ou l'humidité condensée extérieurement ait plus de difficulté à monter deux fois le long des parois internes pour atteindre la ferrure centrale.

Lorsqu'un conducteur doit changer de direction sur l'isolateur même, celui-ci est pourvu d'une oreille sur laquelle on fixe le fil au moyen d'une ligature. On peut encore faire usage d'un modèle à cloche dont la tête est sphérique et percée d'un trou central par lequel on fait passer le fil. Enfin, pour les passages de l'extérieur à l'intérieur des habitations, on emploie des modèles de forme particulière dits : *entrée de poste*, ayant la forme d'une pipe dont le tuyau porte une collerette percée de trous. Cette pièce est reliée par sa collerette à un tube de même matière traversant la muraille, et son ouverture est tournée vers la terre. Les conducteurs y pénètrent par conséquent de bas en haut, en venant d'un isolateur-cloche fixé un plus haut. et, une fois dans l'intérieur, ils viennent reposer sur des poulies en porcelaine émaillée, avec ou sans embase d'épaisseur variable et fixées au mur par des pointes de grosseur appropriée et à large tête arrondie.

Le cuivre pur doit être le seul métal usité pour les câbles et fils conducteurs de lumière, car c'est le métal qui présente la plus faible résistance, pour une section donnée, à la propagation du courant. Ces câbles doivent à la fois être protégés électriquement, contre les pertes et la dérivation, et mécaniquement contre les influences extérieures, en même temps que leur section devra être suffisante pour que l'échauffement produit par le passage d'un courant d'une intensité double de la valeur normale n'entraîne pas une élévation de température de plus de 40°, la perte de charge maximum, entre le coffret de branchement et la lampe la plus éloignée ne dépassant pas 3 %, ce qui correspond à une densité de courant de 3 ampères par millimètre carré pour des sections au-dessus de 50 millimètres carrés. Le diamètre minimum des conducteurs formés d'un fil unique est de 9 dixièmes de millimètre.

Lorsque ces fils devront être placés dans des locaux humides, ils seront revêtus d'une gaine imperméable à l'humidité, et ils seront tendus, soit sur des poulies de porcelaine, soit sur des taquets de même matière, formés de deux pièces réunies par des écrous permettant de serrer modérément les conducteurs dans les encoches ménagées entre ces deux pièces.

Les qualités des matériaux entrant dans la composition de ces conducteurs ne modifie que dans une faible proportion la valeur de l'isolement d'une canalisation, isolement qui donne seulement la valeur de l'humidité recouvrant la surface des coupe-circuits, interrupteurs, etc. Il faut donc tenir le plus grand compte de ce facteur dans la mesure d'un isolement, ainsi que du temps pendant lequel une canalisation a été abandonnée à elle-même pendant l'essai, dans une maison inhabitée par exemple. De toute façon, l'isolement devra satisfaire à la condition suivante : la perte de courant qui peut survenir entre un conducteur et la terre ou entre deux conducteurs sera tout au plus égale à 1 dix-millième de la valeur du courant total supporté par le conducteur, ce qui correspond à une valeur supérieure à 1 megohm par ampère sur un circuit au voltage de 100 volts. Ainsi, un branchement parcouru par un courant d'une intensité de 10 ampères devra posséder un isolement tel que le courant n'y excède pas 0,001 ampère, et dans ce cas particulier, sur un circuit de 100 volts, la valeur de l'isolement sera encore de 100,000 ohms au moins.

Les fils souples seront usités le moins souvent possible, et l'un d'eux sera toujours muni d'un fil fusible en l'un de ses points d'attache ; ils seront reliés aux appareils à alimenter de telle sorte qu'un effort de traction exercé sur eux ne puisse accidentellement détruire l'isolant. Leurs raccords avec les fils rigides seront opérés au moyen de soudures soignées, à la résine de préférence à l'acide chlorhydrique. Les conducteurs doubles, renfermés sous un même ruban, peuvent trouver de fréquents emplois, mais leur isolement doit être parfaitement assuré, que ces fils soient de même polarité ou de polarités différentes.

Tout circuit principal, de même que chaque branchement secondaire, sera pourvu d'un coupe-circuit bipolaire à son origine, et il en sera de même de chaque subdivision dans laquelle l'intensité peut atteindre une moyenne de 5 ampères. Les coupe-circuit devront être facilement accessibles et mis à l'abri des matières inflammables. Sur les appareils qui, comme les lustres, portent un grand nombre de lampes, on divisera les foyers lumineux en groupes consommant chacun 5 ampères, et chaque groupe sera pourvu d'un coupe-circuit bipolaire. Les lustres, appliques, lampes à arc, etc., seront isolés de leur point d'attache, et la masse ne devra pas faire partie intégrante du coupe-circuit. Les douilles seront fixées de manière à ne pouvoir tourner. Enfin, chaque circuit de lampe à arc aura un interrupteur et un plomb fusible. Si l'on fait usage de résistances, celles-ci seront placées de façon à éviter le contact de toute matière inflammable, assez éloignées de la paroi pour que la muraille n'ait rien à craindre de l'échauffement du fil, et disposées de telle sorte que la circulation de l'air soit constamment assurée.

La disposition des conducteurs en évidence facilite les

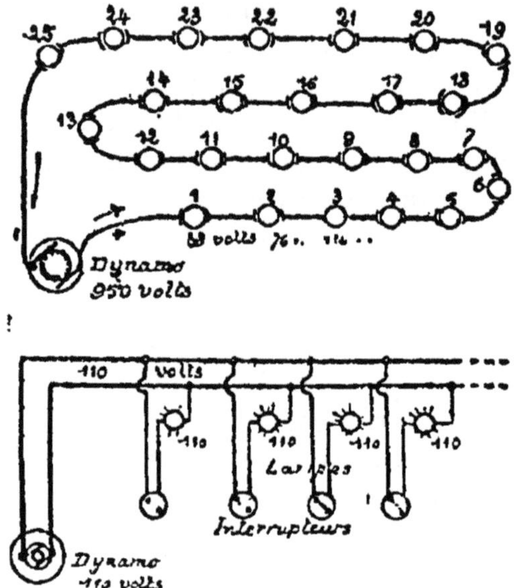

Fig. 58. — Distribution en série. — Fig. 59. Distribution en dérivation.

réparations ultérieures, les changements et les modifications pouvant être apportés aux circuits. En plein air, les fils parallèles seront écartés de 10 centimètres au moins les uns des autres, écart qui pourra être réduit de moitié dans les locaux fermés. Cette distance pourra même être réduite sans inconvénient à 2 centimètres, lorsque tout contact intempestif sera impossible, les fils étant serrés entre des taquets en porcelaine émaillée ou en bois paraffiné. Les conducteurs traversant les plafonds pour aboutir aux appareils d'éclairage devront être placés à l'intérieur de tuyaux, sans être tendus. On évitera autant que possible les croisements de conducteurs de polarité différente. Quand il est impossible d'éviter ces croisements, les fils seront isolés l'un de l'autre avec le plus grand soin. Dans certains cas, on prend l'air comme isolant : on fait passer le conducteur principal le long du mur, et on dirige l'embranchement en biais vers le plafond en le faisant passer par dessus le conducteur principal. On fixe soigneusement les conducteurs au voisinage des points d'embranchement.

Voilà pour ce qui a trait aux conditions générales d'exécution des canalisations d'électricité ; nous allons maintenant nous occuper de décrire les modes d'opérer pour la pose des conducteurs et des appareils.

OUTILLAGE POUR LA POSE

La liaison des conducteurs les uns aux autres entraîne plusieurs opérations successives qui sont la dénudation des parties à mettre en rapport, la jonction du métal puis le rétablissement de l'isolant. La première et la dernière de ces opérations n'ont pas raison d'être quand la ligne est constituée par des fils de cuivre nus suspendus en plein air sur des isolateurs fixés à des poteaux, ou tendus à l'intérieur de caniveaux en ciment. Il suffit alors de tendre à l'aide de l'outil appelé *mouflette* ou *grenouillette*, les deux brins à associer et de les souder l'un à l'autre après avoir exécuté soit une torsade soit une ganse, suivant leur diamètre.

Quoi qu'il en soit et qu'il s'agisse de fils nus ou de conducteurs d'isolement léger, moyen ou fort, voici la liste des outils qu'il faut réunir, si l'on veut réaliser toutes les opérations entraînées par l'installation des canalisations d'électricité dans les habitations.

LISTE DES OUTILS

Marteau.
Tenailles.
Pince plate.
Pince coupante.
2 ciseaux de tailleur de pierres.
1 mèche à sonder les murs.
Tournevis.
Jeu de limes.
Scie à main.
Poinçon de maçon.
Equerre.
Fil à plomb.
Tamponnoir.
Chasse-coin.
Grattoir.
Vilebrequin et mèches.
Vrille.
Râpe à bois.
Lampe à souder.
Fer à souder.
Mètre pliant.
Niveau à bulle d'air.
Compas de charpentier.
Etau à main.
Clé anglaise à molette.
Paire de moufflettes.
Petit voltmètre.

Quant aux matières employées durant le travail, et qu'il est nécessaire de renouveler de temps à autre, à mesure de leur consommation, ce sont :

L'étain à souder. — La toile d'émeri. — L'acide chlorhydrique, ou mieux, *le chlorure de zinc. — La résine. — L'essence minérale pour la lampe à souder. — La gutta en feuilles minces. — Les rubans caoutchoutés, chattertonnés, cirés. — Bâton de chatterton. — Pointes, vis, clous, bornes, objets de rechange.*

Tous ces objets sont rangés dans une trousse, ou mieux une boîte de dimension restreinte, et que l'on transporte à l'aide d'une courroie que l'on passe sur l'épaule.

Le matériel à mettre en place se compose d'abord de couronnes de fil conducteur, dont l'isolant est de la gutta ou de caoutchouc, recouvert ou non d'un guipage assorti à la couleur des papiers de tenture, lorsque le fil ne doit pas être dissimulé à l'intérieur de moulures en bois ou de tubes en carton bitumé. Avec les couronnes de fil se trouvent les coupe-circuits de branchement et individuels, les interrupteurs, les isolateurs : cloches, poulies, taquets, moulures et enfin tout l'appareillage de lumière : rosaces de plafond pour lampes à suspension mobile, bouchons de prise de courant, bélières, bras de lumière, patères, raccords, douilles, griffes, etc.

POSE

Il convient, si l'on veut procéder correctement à la mise en place d'un réseau, de procéder avec méthode, et en suivant exactement les indications d'un plan dressé à l'avance, et sur lequel se trouve mentionné l'emplacement exact de chaque appareil : lampe, interrupteur, coupe-circuit, etc. En agissant sans prendre cette précaution, on pourrait se heurter à des difficultés imprévues et éprouver certains mécomptes.

La première phase du travail réside dans le percement des murs, qui constitue une opération souvent fort ingrate lorsqu'on tombe sur des matériaux d'une exceptionnelle dureté. Le meilleur procédé à employer, lorsqu'on ne veut pas risquer de dégrader les murailles et détacher des éclats de plâtre, consiste à se servir d'une mèche de longueur proportionnée à l'épaisseur du mur à traverser, et maintenue à son extrémité dans un étau à main. On frappe à coups de marteau sur la tête de cette mèche en la faisant tourner petit à petit sur son axe à l'aide de l'étau. En agissant avec précaution et lentement, on arrive à percer les murs les plus durs et les plus résistants.

Lorsqu'on a affaire à des murs de refend en briques tendres, ou que l'on tombe dans un joint en plâtre, le trou peut être percé très rapidement à l'aide du vilebrequin armé d'une mèche cuiller ou en hélice. Mais il faut, pour pouvoir utiliser cet outil, que le trou à pratiquer ne se trouve pas dans un angle ou trop près du plafond, ce qui empêcherait la rotation du vilebrequin. On n'aurait pas le même inconvénient en se servant d'un porte-foret à engrenages.

Tous les percements de murs effectués, on passe à la pose des coupe-circuits et des interrupteurs, qui sont fixés aux murs à l'aide de vis tamponnées et non de pointes, qui ne tarderaient pas à se rouiller par l'humidité du plâtre et empêcheraient tout déplacement ultérieur des appareils. Les socles en porcelaine émaillée ou ivorine sont ainsi mis en place et les couvercles laissés de côté pour être ajustés plus tard.

On continue par la mise en place des appareils d'éclairage, préalablement munis de douilles à baïonnette ou à vis devant recevoir le culot des lampes, et des fils aboutissant aux plots de contact. Les rosaces des lampes à contrepoids, les patères des appliques sont fixées aux plafonds ou aux murs toujours suivant la méthode indiquée , c'est-à-dire à l'aide de vis tamponnées solidement.

C'est après que tous les appareils de sécurité, de commande des circuits et les supports d'éclairage ont été mis à leurs places respectives que l'on entreprend la pose des canalisations, depuis les câbles de distribution ou la colonne montante, jusqu'aux lampes, en passant par les coupe-circuits et les interrupteurs.

Lorsqu'il s'agit d'embrancher des conducteurs de dérivation sur un gros câble, on ne relie ceux-ci qu'avec une partie seulement des torons de cuivre composant ce câble. Pour répondre à cette nécessité, on fait sortir du câble un certain nombre de fils dont la section totale correspond à celle du conducteur secondaire. Ces fils sont écartés du reste des torons et on enroule autour d'eux en une ganse serrée le fil de dérivation que l'on soude ensuite à l'étain, en ayant soin d'interposer une plaque de tôle pour protéger le métal du câble. Le raccord opéré, on ramène à leur place primitive les fils qui avaient été écartés, et on les presse de manière à les remettre comme ils se trouvaient avant l'opération. On reconstitue ensuite l'isolant.

Les jonctions étant ainsi exécutées sur les câbles principaux amenant le courant, on déroule les fils de dérivation et on les fixe sur leurs supports isolants. Quand il s'agit de les faire pénétrer à travers les murs, préalablement percés comme il a été dit, on commence

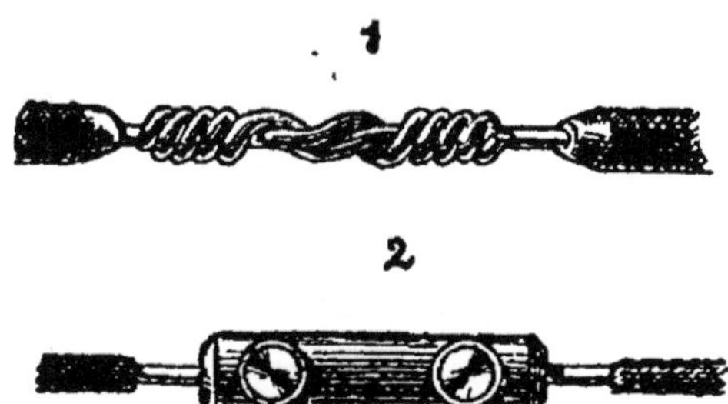

FIG. 60. — Jonction de fils par torsion. — FIG. 61. Serre-fils à vis de pression.

par garnir intérieurement le percement d'un tube en verre ou en caoutchouc, extérieurement protégé par un tuyau de laiton, entré à frottement dur dans l'ouverture. Ces deux tubes concentriques ont pour but de garantir les conducteurs de l'humidité de la muraille, avec laquelle ils n'ont, par suite, aucun contact. Leur présence évite par suite toute perte d'énergie par insuffisance d'isolement de la canalisation.

Quand on a déroulé entièrement une couronne de fil et qu'on en commence une autre, il faut juxtaposer les conducteurs à la suite l'un de l'autre. Pour assurer la solidité voulue à la jonction, on commence par dénuder

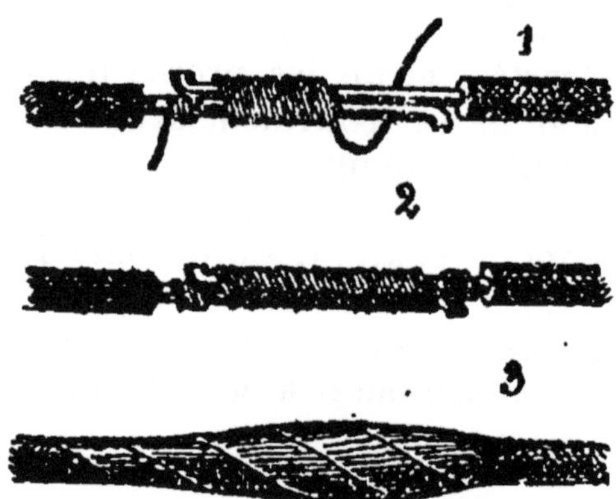

Fig. 61. — Exécution d'une torsade. — Fig. 62. La torsade achevée et soudée. — Fig. 63. Jonction recouverte de ruban chattertonné.

les fils de l'isolant qui les recouvre, sur une longueur

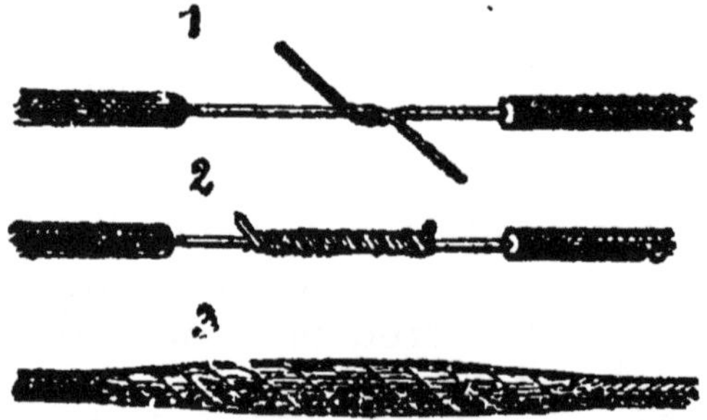

Fig. 64. — Jonction de fils de faible diamètre par torsade. — Fig. 65. La torsade finie. — Fig. 66. Le joint recouvert de son isolant.

de cinq centimètres environ ; on gratte le cuivre pour qu'il soit bien brillant, puis on tord les deux fils autour l'un de l'autre à l'aide d'une pince spéciale (dite de May ou de Grief), de façon à constituer une torsade d'une demi-douzaine au moins de spires. Pour assurer ensuite toute la solidité voulue à cette jonction ; on décape le métal en le frottant avec un morceau de toile d'émeri puis en passant à sa surface un pinceau imbibé de chlorure de zinc, vulgairement dit esprit de sel décomposé. On procède ensuite à la soudure à l'étain.

Si le diamètre des fils à relier ainsi bout à bout dépasse 2 millimètres, il devient difficile de les tordre l'un autour de l'autre à l'aide d'une pince. Dans ce cas, on les applique simplement l'un contre l'autre, après avoir enlevé l'isolant et gratté le métal, et, pour maintenir le contact, on enroule un fil de cuivre nu de huit ou neuf dixièmes, en formant une ganse très serrée de quatre ou cinq centimètres de longueur arrêtée à son extrémité par un nœud coulant double (demi-clefs). Cette ganse terminée, on décape le cuivre au chlorure de zinc et on soude à l'étain. Il faut avoir soin, avant de commencer l'opération, de tendre énergiquement les conducteurs à suturer au moyen d'un étau à main. Une fois la soudure refroidie, on enlève à la lime les bavures d'étain et on rétablit l'isolement enlevé.

Les fils sont correctement tendus dans le logement qui leur est ménagé à l'intérieur des moulures en bois, ou ils sont tirés à l'intérieur des tubes, lorsque c'est ce dernier procédé qui est employé pour dissimuler les canalisations électriques à la vue. Si les conducteurs doivent reposer sur des cloches ou des isolateurs en porcelaine, ils se trouvent maintenus en place par des ligatures en fil de fer passant dans la gorge de la poulie ou autour du bouton surmontant la cloche.

Les dérivations. — Le cas qui se présente le plus fréquemment est celui de l'embranchement d'un fil secondaire, de faible diamètre, sur un conducteur principal plus gros. Lorsqu'on n'a pas recours à des *boîtes de jonction* à l'intérieur desquelles s'établit le branchement, on procède comme suit pour mettre en place un fil de dérivation :

A l'aide d'un canif, on dénude de son isolant le câble principal sur une longueur de 5 à 7 centimètres, puis, le cuivre une fois apparu, on le râcle pour le rendre bien net, d'abord avec la lame du canif, ensuite avec de la toile d'émeri. L'extrémité du fil à ajuster ayant été préparée de la même façon, on l'enroule autour du conducteur principal de manière à faire sept ou huit spi-

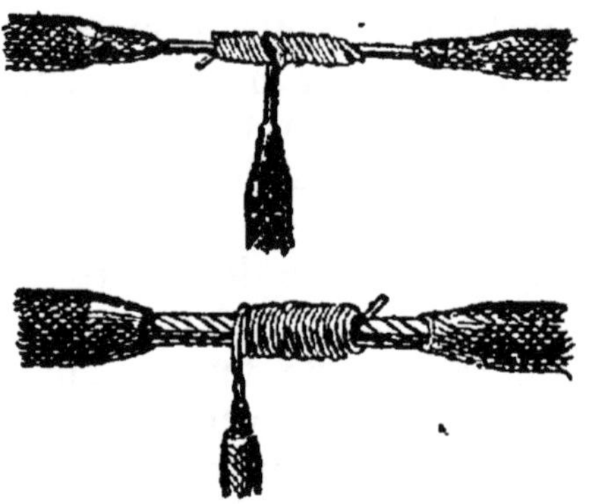

Fig. 67 et 68. — Dérivations sur des câbles de fort diamètre.

res bien serrées à côté l'une de l'autre. Si le fil de dérivation que l'on pose est ainsi souple ou comporte plusieurs torons, on enroule moitié de ces torons à droite, moitié à gauche, ainsi que le montre la figure 61, de façon à mieux répartir l'enroulement de métal de chaque côté du fil.

Bien entendu, lorsqu'on procède à l'installation d'un certain nombre de lampes, on ne fait pas les soudures une à une à mesure qu'elles se présentent. On se borne à faire les jonctions entre les fils, ainsi qu'il vient d'être indiqué, et on continue à dérouler les fils et à les fixer à leurs supports isolants. Toutes les soudures seront ensuite exécutées à la suite, et cette opération achevée, on procèdera à l'isolement de toutes les jonctions ainsi soudées. Les gros fils sont soudés à l'aide du fer à souder, suivant le procédé habituel des plombiers ; les fils de faible diamètre à la lampe.

Le cuivre ayant été mis à nu pour opérer chaque suture, il est indispensable de le recouvrir de la même épaisseur d'isolant qui le revêtait avant l'opération, afin d'éviter ultérieurement les pertes d'énergie en ces points. Pour cela, on recourt à diverses méthodes. On peut recouvrir le métal de feuilles minces de gutta que l'on applique avec les doigts et que l'on entoure ensuite de mastic chatterton ou bien on badigeonne d'une dissolution de caoutchouc dans la benzine qu'on laisse ensuite durcir. On termine ensuite en enveloppant toute la suture de spires serrées de ruban chattertonné ou caoutchouté. Avec un peu de soin et d'habileté, on arrive à égaliser les épaisseurs de ruban superposées et à avoir, en définitive, un joint régulier, marqué simplement par un léger renflement du conducteur.

Il faut observer que les ligatures et jonctions de fils ne tombent jamais, dans les fils tendus côte à côte, en face l'une de l'autre, et éviter surtout qu'elles se trouvent à l'intérieur des percements de murs.

En résumé, les connexions des conducteurs demandent du temps et du soin ; c'est pour cela que, si l'on peut dissimuler ceux-ci le long des corniches, baguettes et ornements divers des appartements, il ne faudra pas y manquer, en les maintenant sur leur trajet à l'aide de crochets, ou mieux, de colliers en fer émaillé, ou de cavaliers assurant leur écartement régulier.

Les fils descendant verticalement le long des murs

doivent être correctement tendus à côté l'un de l'autre et arrêtés d'une manière quelconque avant de pénétrer dans les appareils. Lorsque le conducteur doit être maintenu par une vis de pression, son extrémité est dénudée de son isolant et polie à la toile d'émeri. Une fois la mise en place terminée, on visse les couvercles des boutons interrupteurs, commutateurs, coupe-circuits, etc., et on peut alors mettre les lampes à incandescence dans leurs douilles et garnir les lampes à arc de leurs crayons de charbon. La lustrerie : tulipes, abat-jour, globes, réflecteurs, est agencée en même temps que les lampes, et une fois ces travaux terminés, on peut envoyer le courant et vérifier s'il parvient bien dans tous les appareils alimentés. L'essai étant satisfaisant, l'installation peut alors être mise en service définitif.

Nous croyons utile de donner encore quelques indications rapides relatives aux installations d'éclairage à l'aide de piles primaires à réactions chimiques .

Lumière électrique intermittente par piles Leclanché. — Beaucoup de personnes préfèrent habiter la banlieue, quoique travaillant à Paris, surtout pour avoir un coin de jardin et posséder une habitation particulière. D'autre part, il existe en province une multitude de villas et de pavillons situés en dehors des agglomérations et qui ne sauraient en recevoir, comme les maisons des villes, les canalisations amenant à domicile la force et la lumière dont on ne saurait cependant se passer.

Force est donc d'organiser l'éclairage particulier dans chaque maison, et souvent on se borne aux lampes à pétrole, qui n'éclairent pas, aux lampes à essence, non exemptes de danger. Cependant, on pourrait, sans dépense exagérée, s'adresser à l'électricité, seule source de lumière qui présente une complète inocuité, lorsqu'il est fait usage de lampes à incandescence fonctionnant à basse tension.

Rien de mieux, nous répondra-t-on ; mais pour alimenter les ampoules il faut du courant, et comment se le procurer lorsque la plus proche station de distribution se trouve à des lieues de la propriété ?.... Evidemment, on pourrait installer dans le sous-sol ou une dépendance voisine une petite station particulière, mais c'est là une dépense assez importante, sans compter qu'il faut dis-

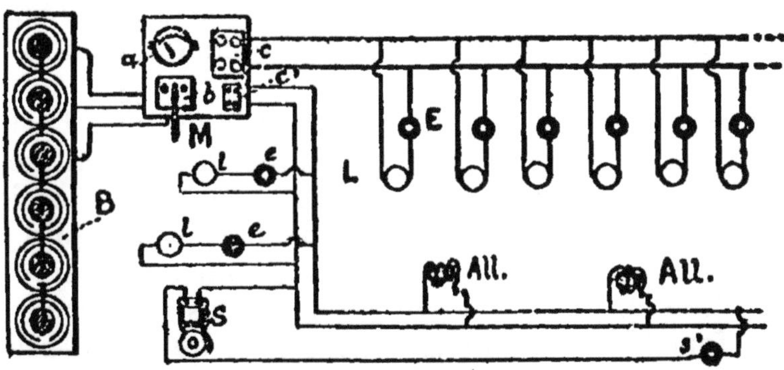

Fig. 69. — Installation de lumière intermittente.

poser de quelqu'un d'assez débrouillard pour conduire le moteur et entretenir l'installation.

La difficulté peut cependant être tournée, et j'en donnerai comme exemple aux lecteurs l'agencement fonctionnant avec succès depuis plusieurs années à la villa *Gai-Séjour*, au Déluge (Oise), et que j'ai réalisé. J'ai considéré, dans les circonstances, que le problème pouvait être scindé en deux parties : l'éclairage *permanent* et l'éclairage *accidentel*. Le premier a été demandé à l'acétylène, mais on eût pu tout aussi bien le demander à l'essence ou au pétrole, avec ou sans manchon à incandescence ; — l'autre, seulement, a été demandé au courant électrique. Quatre becs ont été installés dans chacune des pièces de l'habitation où l'on se tient le plus habituellement pour passer la soirée, et ces pièces, de même d'ailleurs que toutes les autres de la maison, comportent une lampe à incandescence de 10 bougies avec son interrupteur particulier. Les bâtiments contiennent 16 lampes disséminées partout : au grenier, à l'écurie, à la cave, dans la buanderie, les water-closets, la cuisine, l'escalier, le salon, le vestibule, les chambres à coucher, etc., et l'interrupteur de chaque lampe est fixé contre le chambranle de chaque porte d'entrée, de façon à pouvoir être manœuvré quand on entre ou sort.

La source de courant est une batterie de piles Leclanché à sac et zinc circulaire, comportant 16 éléments de 180 ampères-heure de capacité, couplés en tension, de manière à donner 18 volts aux bornes. La pile Leclanché présente de très grands avantages pour cette aplication spéciale, car elle ne s'use pas en circuit ouvert, fonctionne des mois entiers sans qu'on ait besoin de s'en occuper, et ne consomme que des produits peu coûteux et non corrosifs.

Deux gros fils soigneusement isolés partent des bornes contraires de la batterie, traversent les murs des pièces en desservant toute l'habitation. C'est sur le trajet de ces câbles principaux que sont opérées les saignées et branchés les fils de dérivation alimentant les lampes. Le fil branché sur le câble + (positif) se rend à l'une des paillettes du bouton interrupteur, et celui branché sur le câble — (négatif) à l'une des attaches de la lampe. Un fil intermédiaire réunit la paillette restant libre du bouton à l'autre attache de la lampe.

Une pareille installation électrique est des plus faciles à exécuter ; on effectue les percements de murs à l'aide d'un tamponnoir ou d'une mèche en acier, et on y fait passer les fils que l'on revêt, à l'endroit de la traversée du mur, d'un morceau de tube de caoutchouc souple. Ces fils sont ensuite correctement tendus le long des murs sur des clous isolateurs en os, ou, ce qui vaut mieux, dissimulés à l'intérieur de moulures en bois clouées le long des corniches. Les boutons interrupteurs et les lampes sont fixés aux murs ou plafonds à l'aide de vis tamponnées.

Il convient d'employer de préférence des lampes à filament métallique qui, pour une même quantité de lumière fournie, consomment beaucoup moins d'énergie que les lampes à filament de charbon. Elles sont seulement un peu plus coûteuses d'achat que ces dernières.

En admettant que ces lampes consomment 4 dixièmes d'ampère et que, dans le courant d'une soirée, la consommation totale s'élève à 1 ampère, les agglomérés seront hors de service après 180 soirées semblables. Les zincs seront également à remplacer après ce temps. Or, le prix de ces pièces étant de 5 francs, les 16 éléments coûteront 80 francs et il en résulte que l'on aura pu avoir de la lumière à volonté dans toute la maison pour une dépense de 0 fr. 50 par soirée. Mais, c'est là un maximum de consommation qui n'est jamais atteint, à moins que la batterie n'actionne en même temps, pendant la journée, les sonnettes électriques et autres appareils pouvant fonctionner à l'aide du courant, tels qu'allumoirs, avertisseurs, téléphones, contacts de sûreté, etc. Avec un service normal, la durée des agglomérés peut atteindre un an, et la dépense ne dépasse pas 0 fr. 15 par soirée, sel ammoniac pour les rechargements bimensuels compris.

Les lampes peuvent être maintenues allumées pendant plus d'une heure sans baisse de lumière sensible ; mais le débit de la batterie étant faible, on ne peut en allumer simultanément plus de deux. Il faut bien considérer que leur but n'est pas de fournir un éclairage continu : elles servent à éclairer momentanément chaque pièce, le temps d'opérer une recherche, de se déshabiller pour se coucher, d'aller chercher des bouteilles à la cave, etc., sans avoir à transporter avec soi une lanterne ou un bougeoir et sans que l'on ait à recourir aux allumettes et aux éclairants liquides : essence, pétrole, etc., dont on connaît les dangers.

La lumière intermittente par piles à sel ammoniac est donc susceptible de rendre les plus signalés services dans toutes les habitations isolées et où l'on ne peut faire parvenir aucun fil de distribution d'énergie. C'est la meilleure solution de l'éclairage sans danger de l'habitation ; mais il demeure bien entendu qu'elle serait insuffisante si l'on voulait avoir de la lumière pendant plusieurs heures consécutives. Rien ne saurait alors remplacer la dynamo, ou ce seraient des frais comparablement plus élevés que ceux entraînés par la mise en place d'une batterie à laquelle il n'est nécessaire de toucher qu'à de longs intervalles.

Nous terminerons ce chapitre par quelques recettes d'ordre pratique et qui peuvent, dans certaines occasions, présenter une réelle utilité pour les personnes ayant à s'occuper d'électricité, qu'il s'agisse d'installations nouvelles ou de réparations aux appareils et aux circuits en cours de service. Nous donnerons d'abord quelques formules d'isolants d'emploi général.

Isolement à la gutta des épissures. — Enlever la gutta qui recouvre le fil sur une longueur de quatre centimètres ; nettoyer le fil avec du papier émeri, tordre les fils ensemble sur une longueur de deux centimètres, raser les bouts sans laisser de pointes saillantes et souder à la résine avec une bonne soudure chargée surtout en étain. Gratter la gutta sur 5 cm. et ramener en arrière. La partie soudée est recouverte de chatterton et la gutta qui était rabattue est chauffée puis ramenée sur les fils soudés. Le joint est ensuite chauffé avec un fer à souder chaud,en ayant soin de bien polir sans brûler, tout en remettant une nouvelle couche de chatterton. On chauffe ensuite une feuille de gutta à la lampe à alcool, et on l'étire lorsqu'elle est chaude, pour en diminuer l'épaisseur. Tandis que la gutta et le chatterton sont encore chauds on place la feuille sur le joint on le modèle pour qu'il en épouse la forme et on lisse au fer chaud. Etant refroidi, le joint est recouvert d'une nouvelle couche de chatterton ; puis on remet une nouvelle feuille de caoutchouc plus large que la première. On remet ensuite une couche de chatterton étendue et polie au fer. Il faut obtenir un mélange intime de la gutta neuve et de celle qui précède. Si on veut réaliser un joint plus propre et plus régulier il suffit de mettre les deux bouts de fil dans un petit manchon de cuivre, le tout recevant de la soudure. Puis on poursuit par un isolement à la gutta et chatterton comme il est dit plus haut.

Isolant électrique à haut point de fusion. — Les matières isolantes que l'on emploie pour isoler les appareils électriques sont de deux catégories, les unes fondent à des températures inférieures à 120° comme le soufre, les paraffines, les résines. D'autres au contraire sont infusibles, ne peuvent être liquéfiées par l'action de la chaleur. Elles charbonnent ou se décomposent sans fondre.

Dans cette dernière catégorie se trouvent des matières comme le bois, l'ébonite, l'embroïne, le papier imprégné, etc. Pour certains usages, il est avantageux d'avoir à sa disposition une matière isolante devenant suffisamment liquide sous l'action de la chaleur, de façon à pouvoir se couler, mais ne se ramollissant qu'à une température supérieure à 150° centigrades.

Gomme-Laque vulcanisable et son application à l'électricité. — En soumettant au chauffage dans un appareil de distillation approprié de la gomme-laque, elle s'amollit, se transforme en une pâte épaisse et commence à se dilater ; si on la laissait alors refroidir, elle reprendrait son état cassant primitif. — On élève au contraire la température à environ 400° et même au delà. La matière en fusion décuple à peu près son volume et sa couleur au début devient noire. Il se produit en même temps une décomposition qui se traduit par les séparations ou évaporations d'un liquide aqueux au début, puis plus tard, d'un liquide huileux, liquides que l'on soutire dans un réservoir spécial. Pendant cette opération la masse retombe à peu près à son volume primitif et le produit restant dans l'alambic est une substance qui conserve, après refroidissement, sa mollesse et jouit de la propriété précieuse de pouvoir subir la vulcanisation suivant le procédé ordinaire. On peut ajouter à la gomme laque des admissions capables de favoriser et d'accélérer le procédé de la fusion.

Dans ce but sont particulièrement appliqués les hydro-carbures tels que l'huile d'aniline, l'anthracène.

Le produit vulcanisable obtenu possède la propriété de se mélanger avec les huiles, graisses et les cires en toute proportion voulue, sans perdre la propriété de la vulcanisibilité. Dans le cas de l'addition de ces matières il en faut une faible quantité.

Ce produit est un bon isolant et résiste aux acides. Les récipients en carton ou en bois imprégnés de cet enduit et soumis à la vulcanisation constituent d'excellentes boîtes d'accumulateurs.

Choix des isolateurs. — La question ne peut pas être générale. Si on a des lignes de haute tension le doute n'est pas en jeu : les isolateurs en verre sont préférables ; mais si la tension ne dépasse pas 500 volts, les isolateurs en porcelaine peuvent s'employer aussi efficacement.

Autrefois, leur emploi était unique et c'est seulement depuis 15 ans que le verre est apparu sur le marché. Sans aucun doute, l'isolement offert par ce dernier est préférable ; ceci s'explique d'ailleurs très bien ; le verre est homogène en toutes ses parties ; par suite dans toute la masse on a un isolement, par unité d'épaisseur, bien défini.

Dans les isolements en porcelaine, il y a la couche sous-jacente qui est une porcelaine inférieure, plutôt mauvais isolant, et la couche superficielle qui est, vraiment, l'isolant proprement dit. Le résultat, c'est que l'isolement superficiel est le seul intéressant ; il offre, uniquement, la garantie demandée. Or, comme la répartition de la pâte est, nécessairement, un peu irrégulière ; que la cuisson lie plus ou moins les deux couches, il découle que l'isolement est inégal entre deux parties d'un même isolateur, et, *à fortiori*, entre deux isolateurs. D'où les conclusions précitées.

Moyen d'empêcher le dégagement des vapeurs acides dans les piles. — L'entraînement des vapeurs acides au-dessus des piles électriques sans dépolarisant en rend le voisinage et l'emploi désagréables. Ces vapeurs sont projetées au dehors des vases sous forme de petits globules par les bulles d'hydrogène qui viennent crever à la surface du liquide. En arrêtant ces projections, on supprime l'odeur et l'inconvénient ; mais comment le faire sans disposer autour et sur les piles des écrans coûteux et gênants ? M. F. Higgins, ingénieur électricien, indique le moyen suivant, qui paraît simple et pratique :

Il consiste tout simplement à disposer au-dessus des piles une seule épaisseur du calicot le plus léger ; l'épaisseur de cet écran est sans importance. Lorsque les piles en sont revêtues, non seulement il ne se produit plus qu'un dégagement d'hydrogène inodore, mais encore toutes les pièces métalliques placées à proximité des piles sont soustraites à la corrosion et à la destruction, parfois si rapides.

Papier indicateur de pôles. — Il est très important en électricité de pouvoir distinguer aisément le pôle positif et le pôle négatif des générateurs d'électricité, piles, machines, ou accumulateurs. Un électricien, M. Arthur Wilke, prépare, dans ce but, un papier recouvert d'une préparation chimique et qui permet de faire cette recherche en un tour de main. Ce papier ressemble beaucoup, comme aspect physique, à du papier buvard : on le mouille légèrement soit avec de l'eau, soit avec la langue, car il n'est nullement vénéneux et on l'applique sur l'extrémité du conducteur dont on veut caractériser le courant. Le pôle négatif donne une tache d'une couleur rose foncé : le pôle positif ne donne sensiblement aucune coloration. Les télégraphistes, les téléphonistes, toutes les personnes qui font usage de générateurs d'électricité tireront certainement parti de cette invention remarquable par sa grande simplicité.

Piles et accumulateurs. Moyen d'empêcher l'évapo-

ration de l'eau. — Les piles dites sèches coûtent plus cher que celles humides et n'ont pas leur durée. On peut éviter l'évaporation de l'eau qui est le seul inconvénient, en été, dans les piles genre Leclanché, et autres, en mettant une petite couche d'huile à la surface.

Le même procédé convient pour les accumulateurs placés dans un endroit chauffé où l'évaporation de l'eau peut se faire vivement.

Rhéostat économique. — S'il s'agit de faire un essai rapide ou si on veut pour une raison quelconque limiter le débit d'une source électrique, il faut intercaler dans le circuit un rhéostat. Or ceux-ci sont en général coûteux ; surtout si on met en parallèle l'usage momentané qu'on veut faire.

Il vaut mieux alors prendre un récipient en verre, un bocal par exemple, y verser de l'eau et ensuite, le 1/10 de ce volume d'acide sulfurique marquant 50 à 60° B. Les arrivées de courant se feront au moyen de deux fils de plomb.

Cette solution est évidemment économique. Si le rhéostat est trop résistant il suffit de rajouter de l'acide ; si c'est l'inverse, rajouter de l'eau. Durant le passage du courant il y a échauffement ; mais puisque nous envisageons le cas d'un emploi momentané (c'est-à-dire non durable) cela n'a qu'une importance relative. Avoir seulement la précaution de verser au début, l'eau d'abord, l'acide ensuite dans l'eau. Ne pas faire l'inverse. On déterminerait une réaction violente et des projections dangereuses d'un liquide brûlant.

Nettoyage des mains. — Pour peu qu'on se livre au travail des métaux, on se noircit les mains, de telle façon que les procédés de lavage ordinaires ne réussissent guère à enlever cette patine spéciale. Pour triompher de la difficulté, on commence par se laver les mains en les frottant à plusieurs reprises avec de l'essence de pétrole et en les essuyant chaque fois ; puis on les humecte d'huile d'olive ou on les graisse de beurre, et on les frotte de nouveau énergiquement.

On essuie une fois encore et l'on termine par un bon lavage au savon. Pour les ongles ou les taches noires qui tiennent d'une façon déplorable, on les nettoie avec un mélange de benzine et d'alcool.

Applications domestiques de l'Électricité

SOMMAIRE DES APPLICATIONS DOMESTIQUES

Applications domestiques de l'Électricité

CHAPITRE PREMIER

Pose et installation de réseaux de sonnettes électriques.

LE MATÉRIEL POUR RÉSEAUX DE SONNETTES

Lorsqu'on veut procéder à l'installation et à la pose d'un réseau plus ou moins étendu de sonneries électriques à l'intérieur d'un bâtiment d'habitation, on commence par dresser le plan détaillé des locaux, en marquant la place qui devra être occupée par les divers appareils, puis on détermine la longueur de conducteurs qui sera nécessaire pour relier ces appareils les uns aux autres et laissant une marge de 10 % en plus afin de tenir compte des coudes et inflexions diverses des fils.

En possesion du plan, on s'occupe de réunir tous les objets et matières premières nécessaires, et que l'on peut ranger en deux catégories distinctes : 1° les transmetteurs : piles ou générateurs électromagnétiques, boutons de contact pour l'appel ou interrupteurs ;

2° les appareils récepteurs : sonnettes à électro-aimants, électromagnétiques ou polarisés, cloches à trembleur, ou ne frappant qu'un coup, sirènes électriques et, si l'installation est d'une certaine importance, tableaux-annonciateurs à guichets. Nous décrirons ces divers objets dans l'ordre où ils viennent d'être énumérés. Il faut leur adjoindre, pour être complet, les lignes d'intercommunication avec leurs supports.

Générateurs de courant. — On a le choix, pour actionner les sonneries électriques, entre deux genres de producteurs d'énergie bien distincts : le générateur magnétique, à effets d'induction, transformant en courant de haute tension l'énergie qui leur est communiquée sous forme de mouvement, et les piles à réactions chimiques. Quand on adopte ces dernières, qui sont beaucoup moins coûteuses d'achat que les machines magnéto-électriques, on est dans l'usage de prendre des modèles dont la décharge est très lente et qui ne consomment pas à l'état de repos, et telles que les piles à sel ammoniac. En thèse générale, il faut associer deux éléments de ce genre en tension lorsque la longueur de la ligne est inférieure à 50 mètres, trois éléments pour 50 à 100 mètres, quatre de 100 à 200 mètres et ainsi de suite, le nombre d'éléments étant en rapport avec la résistance de la ligne et les éléments de la batterie étant couplés *en série*, le charbon du premier avec le zinc du suivant, jusqu'au dernier.

La pile Leclanché est particulièrement convenable pour ce genre d'applications et il paraît utile d'en dire encore quelques mots ici.

Elle possède l'avantage de n'avoir qu'une faible consommation de zinc, limitée aux instants où la pile fonctionne, et ces divers avantages ont amené les électriciens à adopter exclusivement ce système pour tous les usages domestiques, pour les signaux, enfin pour tous les travaux intermittents et de peu de durée.

En principe, la pile Leclanché, à sel ammoniac, se compose des pièces suivantes :

1° Un pôle positif formé d'un mélange de charbon conducteur et de grenaille de peroxyde de manganèse ;

2° Un pôle négatif constitué par un crayon ou par une lame roulée en cylindre, de zinc non amalgamé. Ces électrodes baignent dans une dissolution de sel ammoniac contenue dans un bocal en verre, de forme quadrangulaire.

Le chlorure d'ammonium se combine, dans ce système, au zinc pour former du chlorure de zinc et l'ammoniaque est mis en liberté. L'hydrogène dégagé s'empare d'une partie de l'oxygène du peroxyde de manganèse pour former de l'eau et transformer le peroxyde en sesquioxyde, pendant que des réactions secondaires locales interviennent pour produire des oxychlorures et des chlorures doubles.

Il existe plusieurs formes d'éléments Leclanché. Les plus usitées sont :

1° Eléments à vases poreux ; 2° à plaques mobiles en aggloméré ; 3° à cylindre ; 4° à aggloméré à sac ; enfin en dernier lieu, les éléments à sacs à liquide imobilisé. Dans les premiers, le pôle positif est une lame de charbon servant de prise de courant, et dressée au centre d'un vase poreux cylindrique ; le vide entre la lame et les parois internes du vase est rempli par un mélange de peroxyde de manganèse et de charbon de cornue ou graphite. Le pôle négatif est un simple crayon de zinc.

Le modèle à plaques mobiles a été créé dans le but d'augmenter le rendement, diminuer la résistance intérieure et faciliter le remplacement des électrodes. Au lieu d'un vase poreux, le pôle positif est composé de la même plaque de charbon servant de collectrice de courant, mais à laquelle se trouvent accolées de chaque côté, et réunies par des bracelets en caoutchouc, des plaques composées d'un mélange comprimé à la presse hydraulique, de charbon de cornue et de peroxyde de manganèse ; le négatif est encore un crayon de zinc.

Dans le modèle Leclanché-Barbier, l'électrode, au lieu d'être plate et formée de plaques assemblées, est tubulaire, et le zinc est suspendu au centre de ce tube, à un couvercle assurant la fermeture hermétique du bocal, ce qui évite l'évaporation du liquide, et, par suite, la production des sels grimpants qui viennent salir et oxyder les contacts.

Dans le type de pile dite à sac, le poids de matière dépolarisante, sous le même volume, est le double de celui de la pile à vase poreux et d'un tiers supérieur à celui qui précède, d'où résulte une augmentation sensible de la capacité. La préparation du mélange composant l'aggloméré, la porosité de la toile faisant office de vase poreux, l'emploi d'un zinc circulaire au lieu d'un crayon plein, font que cet élément donne son maximum de rendement avec un minimum de résistance intérieure, aussi s'est-il considérablement répandu et a-t-il été copié à l'infini par des constructeurs trouvant infiniment plus simple de reproduire servilement une combinaison excellente plutôt que de se donner la peine de chercher une réaction équivalente ou supérieure.

En pratique, 100 grammes de chlorhydrate d'ammoniaque correspondent à 50 grammes de zinc dissous dans l'élément, et à 100 grammes de peroxyde de manganèse, mais certaines proportions sont à observer dans le rapport des substances mises en présence pour obtenir le résultat le plus favorable possible.

Les électro-aimants et les conducteurs des réseaux de sonneries présentant une résistance assez élevée, surtout lorsque les lignes ont une certaine étendue, il arrive que la force électromotrice d'une pile au sel ammoniac est insuffisante pour surmonter cette résistance. On est donc obligé de réunir plusieurs éléments afin de les faire travailler simultanément. Il existe deux méthodes différentes de coupler les éléments : 1° *en tension*, en reliant leurs pôles de noms contraires, le positif ou charbon de l'un, au négatif ou zinc, de l'autre ; on additionne ainsi les tensions, mais aussi les résistances intérieures des éléments ainsi accouplés. 2° *en quantité*, par leurs pôles de mêmes noms, dans ce cas, on n'augmente ni la tension ni la résistance, et c'est comme si l'on n'avait qu'un seul élément, mais de dimensions correspondant à celles totales des éléments ainsi associés. Toutefois, et pour les signaux électriques, on ne fait guère usage que du couplage *en tension* ou *en série*.

Nous devons encore dire un mot des *transmetteurs électromagnétiques* (Voir à la 1re Partie, chap. III) qui remplacent les piles sur certains réseaux, et, manœuvrés par la personne qui envoie l'appel, évitent la dépense de produits chimiques consommés par les piles, ainsi que le chargement et l'entretien des éléments. Ces appareils, qui sont à la fois des générateurs et des boutons d'appel, fournissent une tension élevée, égale à celle d'une batterie de piles composée d'un grand nombre d'éléments, et sont surtout avantageux sur les lignes ayant un grand développement.

Dans le système combiné par l'électricien Abdank, une petite bobine recouverte d'un enroulement de fil fin est disposée de façon à pouvoir osciller entre les branches d'un aimant artificiel à branches recourbées en U s'ouvrant vers le bas. Si l'on saisit la poignée qui termine la tige mobile, et qu'après l'avoir écartée de sa position d'équilibre, on l'abandonne brusquement, la bobine, vibrant rapidement entre les pôles magnétiques de l'aimant, devient le siège de courants d'induction alternatifs qui parcourent la ligne et vont actionner une sonnerie polarisée.

Divers électriciens ont construit, pour le service des réseaux étendus, des machines magnéto-électriques basées sur un principe analogue. L'induit est un cylindre largement entaillé sur sa longueur pour recevoir le fil ; il reçoit un mouvement de rotation très rapide d'une manivelle, par l'intermédiaire toutefois d'une roue et d'un pignon dentés finement et donnant un rapport de 10 ou 15 à 1, c'est-à-dire qu'un tour de manivelle fait exécuter 10 ou 15 révolutions à cet induit qui tourne dans un champ magnétique créé par un aimant. Le courant est amené aux bornes par des frotteurs appuyant sur les bagues fixes. Cette magnéto fournit de bons résultats, mais est plutôt employée pour les lignes téléphoniques.

Appareils d'appel. — Nous en arrivons maintenant aux appareils d'intercommunication ou d'appel proprement dits, et dont le système le plus usité est le *bouton à contact.*

Sur un socle circulaire, en matière isolante quelconque, dont la périphérie est tournée en pas de vis à fil triangulaires, pour recevoir un couvercle, se trouvent fixées par de petites vis, deux lames minces et élastiques, dont les extrémités se superposent, mais en laissant entre elles un vide de quelques millimètres. Une rainure est ménagée dans le socle pour le logement des fils qui passent dans un trou pratiqué non loin de son centre. Les extrémités dénudées des fils sont serrées sous les vis maintenant les lamelles ; lorsque ces fils sont ainsi mis en place, le socle est fixé au mur par des vis (et non par des clous), et on le recouvre de son dessus. Ce couvercle, de même matière que le socle, est percée en son centre d'une ouverture circulaire destinée à donner passage à un petit bouton plein en porcelaine, pourvu d'un collet en saillie à sa base pour éviter de sortir par l'ouverture et de tomber. En appuyant du doigt sur ce bouton qui repose sur l'une des lames métalliques, on comprime celle-ci qui s'abaisse et vient toucher la lamelle inférieure, permettant ainsi au courant de traverser le contact et de se rendre à l'appareil à actionner.

Telle est la disposition théorique d'un bouton d'appel ; quant à l'aspect extérieur, il est extrêmement varié, et on peut affirmer qu'il en existe des centaines de modèles différents destinés aux usages et aux intérieurs les plus différents, si bien qu'on peut les choisir suivant le style et la teinte de tous les ameublements. Certains de ces boutons constituent même de véritables œuvres d'art et présentent, par la matière dont ils se composent et le travail d'ornementation qui les décore, une très réelle valeur artistique.

Le prix de ces appareils est donc très élastique ; tandis que les modèles les plus simples ne valent que quelques sous, ceux en bronze ciselé, en marbre, en ivoire, coûtent très cher ; dans cette catégorie d'objets, il y a de quoi satisfaire tous les goûts et répondre à tous les besoins, mais les modèles les plus usités ont ceux en bois, en ivorine et en porcelaine blanche ou décorée.

Lorsqu'on désire que la sonnerie électrique ou le signal actionné par l'électricité fonctionne un moment sans cependant être assujetti à conserver le doigt sur le bouton qui rétablit le contact, on fait usage d'*interrupteurs* à manette, dont il existe des modèles extrêmement simples, montés sur bois verni, le socle supportant les plots de contact étant de forme circulaire ou rectangulaire. Quand le socle porte plusieurs directions, l'interrupteur se transforme en *commutateur*.

On distingue ordinairement sous le nom de *plaques de touche*, des planchettes servant de socle à un certain nombre de boutons d'appel réunis à côté l'un de l'autre avec chacun une étiquette indiquant la pièce à laquelle correspond le bouton. Les formes des appareils d'appel sont d'ailleurs très variées ; les plus usitées sont les tirages avec cordon et gland de passementerie, pour les chambres à coucher les coulisseaux sur plaque de marbre ou autre matière insensible aux intempéries, pour portes cochères, les pédales à bouton ou à charnière, dissimulant dans une lame de parquet les poussoirs, les interrupteurs à fiche et les poires pour salles à manger. Chacun de ces modèles a son emploi désigné pour telle ou telle pièce de l'appartement.

APPAREILS RÉCEPTEURS

La sonnerie (ou sonnette) électrique est un avertisseur acoustique, mis à volonté en action par l'effet d'un courant produit par la pile chimique ou le générateur magnétique. Son fonctionnement est basé sur le principe de l'électro-magnétisme, c'est-à-dire sur les phénomènes d'aimantation qui se succèdent à intervalles phénomènes d'aimantation qui se succèdent à intervalles très rapprochés dans le fer de barreaux d'un électro-aimant, phénomènes qui ont été mis à profit dans de nombreux autres appareils électriques complètement différents. En effet, si l'on considère qu'un appareil électromagnétique est un organe de transformation presque instantanée d'énergie mécanique ou chimique en énergie électrique, ou inversement, on comprend que l'application de ce principe doit être générale dans toute l'électrotechnique, et pour les usages les plus divers. Entre les dispositifs délicats qui servent, dans les instruments de mesure, à indiquer les phases d'un mouvement quelconque, et les machines industrielles, entre les appareils enregistreurs de haute précision et ceux employés pour la transmission des signaux télégraphiques ou autres, il n'existe en réalité que peu de différence dans les principes régissant leur fonctionnement. Dans tous ces systèmes, qui paraissent, à première vue, si variés, on utilise le courant électrique pour développer un flux de force magnétique, un « champ magnétique », suivant l'expression consacrée, champ variable à volonté en grandeur et en direction, et qui peut engendrer instantanément un effet mécanique en rapport avec la quantité d'énergie dépensée. Et ce travail mécanique peut être, soit le déplacement de l'index ou de la plume de l'enregistreur, soit le mouvement rotatif de l'anneau de l'induit d'une dynamo entre les épanouissements polaires des électro-aimants inducteurs, ou, plus modestement, la vibration rapide de l'armature et du marteau sur le timbre sonore ou le grelot de la sonnerie.

Dans ce dernier cas, il est facile de se rendre compte de la manière dont agit l'électricité. Prenez une tige de fer bien recuit de la grosseur d'un crayon ; faites-la rougir dans le feu, et, à l'aide d'une pince et d'un marteau, pliez cette tige de façon à lui donner la forme de la lettre U. Cela fait, et cet espèce de fer à cheval une fois refroidi, roulez autour de ce barreau, sur plusieurs épaisseurs successives, séparées l'une de l'autre par un morceau de papier gris, de fil de cuivre recouvert de gutta et de coton. On commence par le haut du barreau, on roule jusqu'à l'endroit où il commence à se courber, on remonte, puis on redescend en roulant toujours le fil. Arrivée en bas, après cinq ou six couches superposées, on passe sans interruption à l'autre branche de l'U, et on la recouvre du même nombre de couches de fil en procédant de la même façon que pour la première branche. Vous avez alors un *électro-aimant*, ou aimant momentané, et si vous réunissez les deux extrémités du fil roulé autour des deux barreaux parallèles, aux bornes d'une pile ou d'un accumulateur électrique, vous constaterez immédiatement que le fer de ces barreaux prend l'état magnétique pendant la durée du passage du courant électrique, et qu'il perd instantanément cette propriété aussitôt que vous arrêtez le passage du courant.

Pour reconnaître l'existence de la puissance attractive acquise subitement par le fer grâce à la circulation du courant dans le fil qui l'entoure, on approche de son extrémité une lame de fer ordinaire qui vient se coller avec force sur les faces des deux barreaux où elle demeurera adhérente tant que le courant passe, pour retomber aussitôt que l'on interrompt l'arrivée de l'électricité. On comprend, aussitôt, cette expérience faite, qu'il est aisé d'imaginer un dispositif tel que cette lame de fer, ou *armature*, ait une course parfaitement limitée. Il suffit d'un simple ressort à boudin ramenant cette lame contre une vis servant de butoir pendant le repos.

Si les passages et les interruptions de courant se succèdent périodiquement à des intervalles très rapprochés, on comprend que l'armature prendra un mouvement oscillatoire et ses chocs répétés contre les faces du barreau relativement attractif puis neutre, donnent lieu à un bruit caractéristique pouvant servir de signal acoustique. On peut donner plus d'intensité à ce bruit en munissant l'extrémité mobile de l'armature d'une tige métallique terminée par un bouton qui agira comme un marteau, et, à chaque fois que l'armature sera attirée, viendra frapper sur le bord d'un timbre en acier ou en bronze, d'une clochette ou d'un grelot de même métal, ou enfin d'une pièce sonore analogue, qui vibrera avec un bruit perceptible de très loin, capable d'attirer l'attention de la personne appelée.

C'est en 1840 qu'a paru le premier modèle de sonnerie électrique à trembleur, dû au physicien Néel, Les modèles modernes ont immuablement conservé les pièces essentielles de cet appareil, et les efforts des constructeurs se sont surtout portés sur le moyens de le rendre moins volumineux, plus énergique et meilleur marché. Ils se composent donc des pièces suivantes :

1° Une planchette rectangulaire, se terminant en V arrondi à l'une de ses extrémités, servant de socle au mécanisme, lequel est protégé contre la poussière par une boîte en ébénisterie, et qui supporte la pièce sonore, timbre ou cloche, ainsi que les bornes d'attache ;

2° Un électro-aimant, ordinairement à culasse plate, sur chacun des barreaux duquel est enfilée une bobine en bois recouverte de plusieurs épaisseurs de fil conducteur isolé, de diamètre variable, de 2 à 16 dixièmes de millimètre et même davantage ;

3° Une barre plate de fer doux, appelée *armature*, portée par un petit ressort très flexible, dit *ressort principal*, qui est constitué par un ruban d'acier fixé contre l'un des côtés d'une équerre, dont l'autre côté est vissé sur la planchette. L'armature est placée perpendiculairement par rapport aux barreaux de l'électro-aimant, en regard et à quelques millimètres de leurs faces, dont elle est tenue écartée par le ressort de 1 millimètre pour le barreau le plus rapproché et 3 à 4 millimètres pour l'autre. Dans l'extrémité libre de l'armature, est vissée la tige en fil de fer se terminant par le marteau ;

4° Enfin du ressort-trembleur, formé, comme il vient d'être dit, d'une lamelle d'acier dont la première partie constitue le ressort principal, et qui se continue le long de l'armature à laquelle il est fixé par deux vis pour s'en séparer et se recourber à l'extrémité qu'on appelle antagoniste, de façon à venir toucher par un plot en argent la pointe d'une vis de réglage appelée *borne-butoir*.

Le fonctionnement de cet appareil s'explique aisément comme suit :

Le courant venant d'une source d'électricité quelconque, et traversant le fil roulé autour des bobines de l'électro, produit l'aimantation du noyau, aimantation qui cesse aussitôt que le courant ne circule plus dans les spires du fil, ainsi que nous l'avons expliqué. Si le courant passe constamment, l'armature resterait collée aux faces polaires des barreaux, et le marteau ne frapperait qu'un coup sur le timbre. Pour obtenir une succession de sons, on a recours à l'artifice que voici :

Le courant arrivant par la borne A *entrée* de la bobine, parcourt le fil de cette première bobine, puis celui de la bobine suivante, pour aboutir à la borne-butoir à laquelle est relié le fil d'entrée de cette deuxième bobine. De la borne-butoir, il passe sur le ressort antagoniste, suit le ressort principal et descend sur l'équerre qui est en communication avec la borne de sortie. Le courant passe donc, puisqu'il ne peut revenir à la pile que par le fil serré sur cette borne, exactement comme il en arrive par le fil monté sur la borne, et, puisqu'il passe, le fer du noyau de l'électro devient actif ; il attire donc l'armature, qui, en obéissant à l'attraction, emmène avec elle le ressort antagoniste, lequel cesse alors de toucher la vis-butoir. L'attraction de l'armature a pour effet de faire frapper un coup de marteau sur le timbre, mais la cessation du contact entre le ressort antagoniste et le butoir a pour effet d'empêcher momentanément le courant de passer. Par conséquent, le noyau de l'électro n'attirant plus l'armature, celle-ci sera ramenée par le ressort principal à sa position initiale, c'est-à-dire que tout ce qui vient de se produire va recommencer et recommencera dans le même ordre tant que le courant parviendra de la pile à l'appareil.

Ces dispositions fondamentales se retrouvent dans toutes les combinaisons de sonnettes électriques existant actuellement dans le commerce, et les différents modèles des catalogues ne diffèrent les uns des autres que par la disposition donnée aux divers organes entrant dans la composition de ces appareils et par leur mode de montage les uns par rapport aux autres. D'ailleurs, la variété de la grandeur et de la forme donnée à la pièce sonore, ainsi que la nature de la matière dont celle-ci est faite, donne les modifications cherchées dans le son produit, et permet de reconnaître, sur les réseaux trop peu étendus pour comporter le tableau indicateur, de quel point provient l'appel, s'il vient d'une pièce déterminée de l'appartement ou de la porte d'entrée. On peut encore, pour mieux différencier le son, faire usage, au lieu d'un timbre ou d'un grelot, d'un petit tambour ou même d'une simple planchette en bois de gaïac.

Le bruit un peu strident résultant des chocs répétés du marteau sur le métal fait souvent sursauter les personnes nerveuses, qui trouvent ce bruit fort désagréable. Le timbre chantant de Guerre est exempt de cet inconvénient, car il produit, non plus un roulement saccadé, mais un son musical continu.

Sous un timbre en acier est dissimulé un électro-aimant dont les pôles sont très rapprochés des parois vibrantes. Une petite pointe platinée amène le courant au timbre, qui le transmet à l'électro par l'intermédiaire de la tige de support. Aussitôt que l'on ferme le circuit, le bord du timbre est attiré et le contact est interrompu ;

le timbre reprend alors sa première position et rétablit le contact.

Les parois du timbre sont ainsi animées d'un mouvement de va-et-vient extrêmement rapide, et le nombre de vibrations par seconde est tel qu'un son continu est produit, et ce son peut être considérablement amplifié en enfermant l'appareil à l'intérieur d'une caisse de résonnance en bois mince.

Pour quelques cas spéciaux, par exemple pour répéter les heures sonnées par une pendule, il est nécessaire que la sonnerie donne des sons très brefs. Pour obtenir

FIG. 70. — Cloche électrique.

ce résultat, il suffit de supprimer la vis-butoir venant toucher le ressort antagoniste, et faire communiquer directement le fil de sortie de l'électro à la borne. Dans d'autres circonstances, au contraire, le tintement prolongé de la sonnerie peut présenter des inconvénients que l'on évite en employant une disposition telle que le marteau ne frappe qu'un seul coup énergique sur le rebord du timbre métallique. Si l'on n'emploie pas la disposition qui vient d'être indiquée, on recourt alors à l'agencement suivant : le marteau n'est plus rendu solidaire de l'armature ; il est fixé sur la branche la plus longue d'un levier dont l'autre bras est commandé par l'armature d'un électro-aimant vertical. Cette disposition permet au marteau d'acquérir une grande vitesse avant d'arriver jusqu'au timbre, et d'être animé alors d'une assez grande force pour heurter violemment le bord de métal. Il n'y a plus, dans ce système, de ressort ni de vis de contact susceptibles de se dérégler.

Au lieu de ne frapper qu'un coup unique, il faut parfois que l'appareil continue à résonner sans interruption, alors même qu'on a cessé d'appuyer sur le contact d'appel, et cela jusqu'à ce que la personne appelée arrête elle-même le tintement.

A cet effet, on ajoute à une sonnerie ordinaire une troisième borne, reliée à l'armature mobile, et on établit les connexions d'après les indications de la figure ci-dessous. La vis de contact est reculée à une très petite distance de l'armature. L'interrupteur 1, manœuvré par la personne qui appelle, est un bouton ordinaire, comme ceux que nous décrirons dans le chapitre suivant ; il ne laisse donc passer le courant que pendant le temps où l'on tient le doigt appuyé sur lui. L'autre, 2, fonctionne en sens inverse, c'est-à-dire n'interrompt la communication entre les deux bouts du conducteur fixés à ses branches qu'au moment où la personne appelée en pousse le bouton.

Dans ces conditions, si l'on pousse sur le bouton 1, l'armature est attirée par l'électro et ne s'en éloigne que lorsqu'on cesse d'envoyer le courant en relevant le doigt qui opère la pression. Mais, alors, en vertu de la vitesse acquise, l'armature vient toucher la vis de contact et, à partir de ce moment, la sonnerie retentit d'une façon ininterrompue grâce au courant passant par le fil 2, jusqu'à ce que la personne appelée supprime un instant la communication au moyen de l'interrupteur 2.

en ayant soin d'attendre que les oscillations soient bien arrêtées.

Il existe également des sonneries continues actionnées par un mouvement d'horlogerie déclanché le moment venu par un électro-aimant. Une très courte émission de courant suffit pour que le timbre résonne jusqu'à ce qu'on vienne arrêter le marteau, mais il faut pour cela un appareil assez compliqué et coûteux présentant en outre l'inconvénient d'exiger le remontage périodique du ressort moteur.

On construit également des sonneries à appel continu prolongé ou *à signal*, comme on les nomme également, en raison de leur fonctionnement particulier.

Ces sonneries, à appel continu, sont surtout employées comme signal d'alarme ; lorsque leur armature se trouve attirée par l'électro, elle abandonne une pièce métallique qui, au repos, s'y trouve accrochée ; cette pièce, repoussée à son tour par la pression d'un petit ressort en spirale, vient alors toucher un contact, et ferme directement le circuit de la pile sur la sonnerie en supprimant le jeu de l'interrupteur ou du bouton d'appel. Pour faire cesser le bruit de la sonnerie, il faut enclancher de nouveau la pièce mobile libérée par le mouvement de l'armature, et ce résultat est obtenu en tirant une chaînette fixée à lextrémité d'une équerre, sous le timbre sonore.

Dans ces modèles, la planchette de support est pourvue de trois bornes au lieu de deux, comme d'habitude. Les bornes 2 et 3 sont en relations avec les pôles de la pile ; la borne 1 est en communication avec le bouton d'appel, qui est également relié avec le pôle positif de la source, comme dans tous les autres systèmes de sonnettes. En pressant sur le bouton, le courant pénètre, depuis le pot central dans l'ancre de la sonnerie et dans l'électro-aimant, puis il sort par la borne pour retourner à la source. Mais alors le crochet U étant relâché, tombe sur le contact C et ferme ainsi le circuit des bornes 2 et 3, c'est-à-dire qu'elle met ces bornes en court-circuit sur la pile. Alors, même si l'on cesse d'appuyer sur le bouton d'appel, la sonnerie continuera à fonctionner jusqu'à ce qu'on interrompe le contact en tirant sur la chaînette.

C'est là une disposition peut-être un peu plus compliquée que la sonnette commune, à trembleur et qui n'est d'ailleurs nullement indispensable pour obtenir le résultat cherché. Il suffit de faire usage, au lieu de boutons d'appel, d'interrupteurs à manette ou à fiche qu'il suffit de laisser sur la position de contact pour faire sonner sans interruption.

Les sonneries *à signal* servent à indiquer que l'appareil a fonctionné, dans le cas où, la personne appelée se trouvant absente, n'a pu entendre le bruit de l'appel. La disparition du voyant, — ordinairement un disque en carton peint en rouge, — peut être obtenue à l'aide d'un dispositif très simple, analogue à celui qui est employé dans les tableaux annonciateurs, et qui se trouve en relation avec l'électro de la sonnette qui la commande. Le voyant reprend sa place quand on appuie du doigt sur un bouton disposé sur le dessus de la boîte contenant le mécanisme. Le courant de la pile passe alors dans l'électro-aimant qui redevient actif et commande l'accrochage du carton. Ce modèle doit donc, en conséquence, être accroché à portée de la main afin de pouvoir être manœuvré à volonté quand la chose est nécessaire.

Un autre système de sonnette électrique qui a eu un instant de vogue est celui de M. de Redon. Dans ce modèle, la boîte contenant le mécanisme est de forme cylindrique, et cette espèce de disque est recouvert d'un côté par le timbre vibrant, en acier qui forme couvercle. Le trembleur, avec le marteau, présente une disposition particulière : c'est un arc en acier, mince et élastique, fixé en deux points de l'armature mobile, et qui vibre lorsqu'on fait passer un courant dans les spires de l'électro. L'amplitude de sa course est très considérable relativement, car elle peut atteindre plusieurs centimètres ; elle permet d'empêcher, autrement que sous l'action d'un courant, la boule servant de marteau, d'atteindre le bord du timbre. Cet avantage est surtout appréciable pour les Compagnies de chemin de fer et autres moyens de locomotion, car cette sonnerie ne peut tinter que par le seul effet des trépidations du véhicule qui en est muni, ou par l'ébranlement du sol résultant du passage des trains sur les voies, lorsque l'appareil est installé à poste fixe, comme le fait une sonnette à trembleur.

L'électricien E. Richer a fait connaître une sonnette de dimensions réduites dans laquelle il est fait usage, non d'un électro-aimant à deux bobines, en fer à cheval ou à culasse plate, mais d'un électro à barreau unique, ou boiteux, autour duquel est roulé un fil présentant une résistance électrique de 5 ohms, c'est-à-dire sensiblement la même qu'un électro ordinaire à deux bobines. Le marteau trembleur étant ajusté ou articulé sur l'une des joues ou culasses en fer, est aimanté directement et prend le pôle de même nom que la joue ; ce genre de montage supprime l'usage du *ressort principal*, qui est souvent une cause de fragilité et une difficulté de réglage. L'autre joue opposée également en fer, est de pôle contraire au trembleur, et l'attire directement et non par influence comme dans les systèmes précédents. Grâce à cette modification, il devient impossible que l'armature colle contre les faces polaires de l'électro, puisqu'elle possède un ressort antagoniste non magnétique intercalé entre les deux pôles ; son épaisseur, jointe à sa polarité l'en empêchent absolument.

Toutes les sonneries que nous venons de décrire exigent, pour fonctionner, des courants continus, tels que ceux fournis par les piles chimiques. Ces courants étant de basse tension, le fil roulé autour des branches des électros doit être assez résistant : de 5 ohms à 500 ohms au plus, suivant la longueur du circuit à desservir. Toutefois, dans la marine, on fait usage de sonneries entièrement métalliques, montées sur ardoise, et pouvant être actionnées par le courant des dynamos à lumière, dont la tension va de 55 à 75 volts.

Pour pouvoir utiliser également les courants alternatifs, on a encore combiné des modèles particuliers de sonneries électromagnétiques, fonctionnant alors sans pile, et dites *sonneries polarisées.* Elles se composent ordinairement de deux timbres sonores d'égal diamètre, et entre lesquels oscille un marteau monté sur un barreau d'acier aimanté. A droite et à gauche de ce barreau, se trouvent les pôles d'un électro-aimant. Selon le sens du courant qui parcourt les bobines, l'armature se porte à droite ou à gauche, et le marteau vient heurter alternativement les deux timbres. Nous verrons dans le chapitre suivant quelles sont les dispositions données aux appareils émetteurs de courant allant avec ces sonneries et qui remplacent le bouton d'appel et la pile.

Nous devons encore mentionner, comme signal acoustique remplissant le même rôle que les sonnettes, les *sirènes*, dont le système Zigang est le plus connu. Dans cet instrument, l'armature d'un électro-aimant est fixé au centre d'une membrane métallique. La pointe d'une vis s'appuie sur l'autre face de cette membrane ; le courant venant de l'électro passe sur cette membrane et et sur la vis.

L'attraction de l'armature fait alors cesser le contact entre ces deux pièces et la membrane s'éloigne, puis, une nouvelle attraction se produisant, elle s'éloigne encore et ainsi de suite, de même que dans le timbre chantant de Guerre, et la continuité du son est uniquement due à la très grande rapidité du déplacement de la plaque vibrante. On peut même faire varier dans une certaine mesure la hauteur du son produit en modifiant le réglage de la vis de contact comme dans une sonnerie à trembleur. Un cylindre de laiton, surmonté d'un pavillon largement évasé protège les organes de la sirène et contribue en même temps à renforcer considérablement le son.

Lorsqu'un réseau de sonnettes électriques comporte un certain nombre de boutons d'appel disséminés dans les différentes pièces d'un appartement ou d'une habitation et que l'on désire connaître la provenance d'un appel, et savoir de quelle pièce il part, on peut employer plusieurs sonnettes fournissant des sons différents. L'une d'entre elles est munie par exemple d'un timbre d'un son aigu, l'autre d'un grelot ou d'une cloche, une troisième d'une plaque sonore en bois de gaïac, etc. On différencie ainsi nettement les sons de chaque appareil, et comme chacun d'eux correspond avec une pièce et un bouton distinct, on peut arriver à localiser l'endroit de l'appel. Mais, à vrai dire, c'est là une complication bien inutile, et il est incontestablement plus simple et plus rationnel d'employer un tableau indicateur à numéros analogue à ceux dont il sera question dans le chapitre suivant :

MISE EN PLACE DES RÉSEAUX DE SONNETTES

Les fils employés pour les réseaux de sonnettes sont

en cuivre pur recouvert d'une couche d'isolant et d'un guipage de coton de couleur variable permettant de les appareiller à la tonalité des tentures. Leur diamètre varie entre 8 dixièmes de millimètre, et l'on adopte ordinairement, pour distinguer le fil négatif du positif, des guipages de couleur différente ; cette précaution facilite beaucoup la pose et les réparations ultérieures.

Il n'est pas nécessaire, pour les sonneries ou téléphones, de dissimuler les fils à l'intérieur de moulures

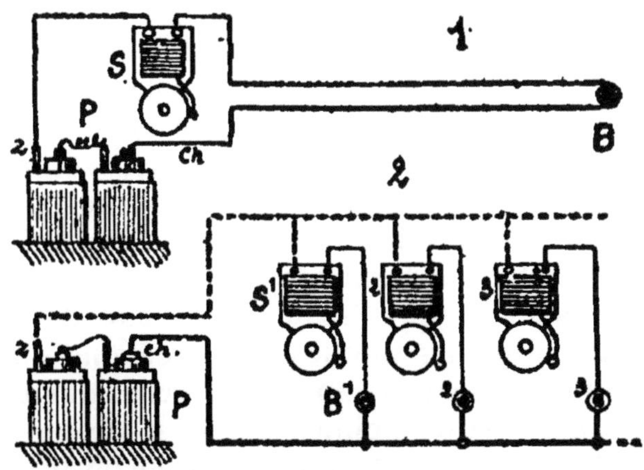

Fig. 71. — Schéma de la pose d'une sonnette électrique.
Fig. 72. — Trois sonnettes fonctionnant à l'aide d'un bouton particulier.

à couvercle ou de tubes isolants : on les tend en haut des murs, près des corniches sur des taquets en bois, des poulies à embase en porcelaine, ou tout simplement sur des tubes en os ou en corozo retenus à la muraille par des clous à tête arrondie traversant le vide intérieur du tube. C'est là un procédé économique mais qui ne convient pas lorsque les endroits où circulent les fils sont humides, car les pointes attaquées par la rouille, l'humidité passe à travers la substance du tube et vient pourrir le coton du guipage ; le cuivre s'oxyde et le fil ne tarde pas à se rompre. C'est pourquoi ce genre d'isolateurs doit être rejeté quand l'habitation où ils doivent être posés n'est pas parfaitement sèche.

Une fois la batterie de piles mise à la place qu'elle doit occuper, dans un endroit ni trop sec ni trop humide, et qu'elle a reçu sa provision de liquide excitateur, on met en place les fils conducteurs du circuit en se guidant d'après les indications du plan.

On est presque toujours obligé de percer des murs pour faire passer les fils. Ce travail demande beaucoup d'attention si l'on veut éviter de détériorer les murs ou corniches. Il est préférable de le faire exécuter par un ouvrier. Une fois achevé, on pourra commencer la pose des fils, divisés par sections ; on ne procèdera à leur attache aux bornes de la pile qu'une fois l'installation complètement terminée.

Les fils sont supportés, à l'intérieur des appartements, sur de petites poulies en porcelaine ou des isolateurs tubulaires en os, appliqués verticalement contre les murs à l'aide de pointes à tête plate ou arrondie. Il ne faut pas perdre de vue que le fil positif doit toujours se rendre à la pile au bouton d'appel ; cette règle, adoptée par tous les électriciens, facilite les réparations ultérieures, car on peut toujours reconnaître la polarité d'un fil en un point quelconque du réseau sans être obligé de le suivre jusqu'à la pile. Cette distinction entre les deux pôles peut également être facilitée en adoptant des fils recouverts de guipage de coton de couleur différente pour chacun de ces pôles, par exemple une teinte neutre, dans la gamme du blanc pour le négatif, et une teinte foncée, bleu, rouge ou vert pour le positif. De cette façon, un seul coup d'œil permet de distinguer le positif du négatif et reconnaître auquel des deux on a affaire. On peut aussi employer à cette vérification du papier cherche-pôles ou un petit chercheur chimique.

Quand les fils doivent être tendus à l'intérieur d'un rez-de-chaussée humide, il ne faut employer que des conducteurs de haut isolement, c'est-à-dire recouverts d'une double épaisseur de gutta et de chatterton, protégées par deux guipages de coton. Dans le cas où l'humidité serait constante et très forte, ces fils à haut isolement seront tendus sur des poulies ou des cloches en porcelaine émaillée semblables à celles employées pour les lignes télégraphiques ; on évitera ainsi la déperdition de courant pouvant résulter des gouttelettes d'eau ruisselant sur ces supports.

Aux endroits de leur passage à travers les murs, les conducteurs seront protégés du contact avec la muraille par des tubes isolants en caoutchouc, carton durci, verre, etc., dans lesquels on les fait passer, et dont le diamètre est juste suffisant pour que ces fils ne portent les uns sur les autres et ne touchent pas les parois. Il est bon de prendre la précaution, dans les angles saillants, d'entourer les fils venant toucher les murs, d'une garniture isolante en ruban chatterton que l'on enroule autour du conducteur auquel ce ruban adhère fortement.

Lorsqu'un réseau est d'une certaine importance, on peut mettre en place plusieurs fils en même temps et on emploie alors, au lieu d'isolateurs en os, des *cavaliers* en fer émaillés, que l'on cloue sur les murs et qui maintiennent les fils, préalablement revêtus au point de serrage, de serrage, de ruban chatterton. Remarquons en passant qu'il ne faut pas *rouler* les fils autour des cavaliers, ainsi qu'on le fait avec les isolateurs en os, mais disposer ces cavaliers à une faible distance les uns des autres, pour maintenir les conducteurs en lignes droite et faciliter une modification ultérieure ou l'addition de nouveaux fils.

Les efforts d'une personne procédant à la pose d'une

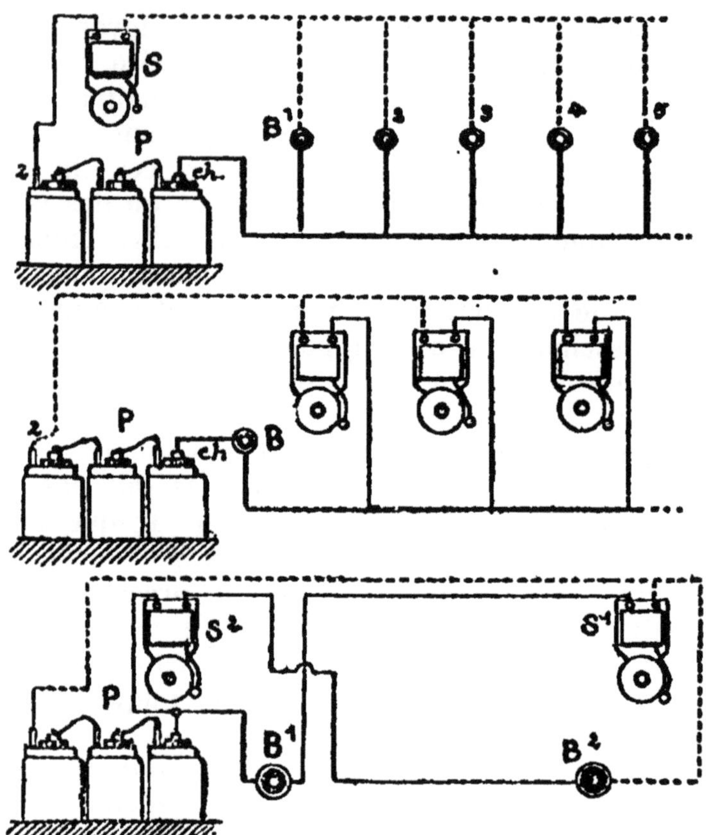

Fig. 73, 74 et 75. — Schémas de pose de réseaux de sonnettes. — Une seule sonnette commandée par un nombre quelconque de boutons. — Plusieurs sonnettes actionnées ensemble par un seul bouton. — Appel et réponse par deux sonnettes.

canalisation d'électricité doivent se porter principalement sur la conservation de l'intégrité de l'isolement du réseau, et la réussite dépend en grande partie de l'observation de cette règle fondamentale et de première importance.

Pour fixer ensuite les boutons d'appel sur les murs ou sur les boiseries, il est indispensable de les démonter et d'enlever les couvercles et les boutons-pressoirs. Le socle est ensuite mis en place et fixé à l'aide de vis ; il faut exclure l'usage des clous pour cette attache, et le mieux consiste d'exécuter d'abord un tamponnage dans le mur à l'aide d'un morceau de bois dans lequel la vis pénétrera beaucoup plus aisément et qui fournira un point d'appui plus solide. En agissant ainsi, on n'aura pas à redouter de fendre en deux fragments le socle, ainsi qu'il arrive fréquemment quand on se sert de clous.

L'extrémité des deux fils de dérivation est dénudée sur une longueur de 15 millimètres, de façon à ce que le cuivre apparaisse bien brillant ; on fait pénétrer ces fils à l'intérieur du bouton par le trou ménagé à travers le socle, et on fixe alors celui-ci à la muraille. On donne à l'extrémité de chaque fil le contour d'un anneau en le tournant en boucle, on applique cet anneau sur chacune des lamelles de contact et on le maintient en serrant sur lui une des petites vis fixant la lamelle au socle. Cela fait, on peut revisser le couvercle sans oublier d'y placer le bouton-poussoir central.

S'il s'agit de poser des poires d'appel ou des tirages comportant un cordon souple, il faut plus de soin et de précaution pour éviter de détendre ce cordon de soie ou ternir le vernis de la rosace servant de couvre-joint entre les fils principaux et le cordon. Remarquons en passant qu'il est hautement préférable, quand on a à travailler dans des endroits humides, de substituer aux boutons en bois ordinaire, des boutons en matière isolante et insensible à l'action prolongée de la vapeur d'eau, telle que l'ébonite, la fibre, l'ivorine, l'ardoise, etc. On peut encore prévenir l'influence néfaste de l'eau qui s'introduit à la longue, en gouttelettes ténues, à l'intérieur des appareils, en intercalant entre le socle et le mur un petit disque de plomb ou d'étain.

« Lorsqu'on ut exécuter convenablement la pose d'une pédale à bouton, dit un spécialiste, l'électricien italien Humbert Zéda, dans un ouvrage qui a été traduit dans toutes les langues, et dont nous avons arrangé nous-mêmes l'édition française, on commence par entailler le parquet, de manière à encastrer le disque ou la plaque de laiton dans le bois, jusqu'à ce qu'il affleure le niveau des lames de ce parquet. Cette entaille opérée, on attache les extrémités du fil à double conducteur, que l'on fait passer sous le parquet pour le fixer, l'un à la vis placée en dessous du disque, l'autre à la petite rondelle placée sur la tête de la grosse paillette. Cela fait, on met la pédale en place et on la fixe dans le parquet avec deux vis, dont les trous préparés à l'avance dans le disque, indiquent la place. Il est entendu que le conducteur qui a été introduit à l'aide d'un fil de fer sous le parquet, soit par l'entaille de la plaque d'appui de la pédale avant sa pose, soit par le percement qui donne accès sous ce plancher, doit être retiré vers le trou qui le met en communication avec le réseau général.

La pose des pédales et boutons à charnière s'exécute d'une manière analogue à celle qui vient d'être indiquée ; mais, pour ces dernières, il faut avoir soin, après avoir solidement réuni l'appareil au plancher, d'attacher un des conducteurs du câble double à la vis posée sur la boîte en cuivre du côté de la paillette, et l'autre conducteur à la première vis placée en tête de cette paillette.

« Pour poser un contact de feuillure ou de sûreté,

on pratique dans l'épaisseur du battant de la porte, près de son angle d'ouverture, une entaille suffisante pour loger l'appareil en ne laissant dépasser que la demi-rondelle d'ébonite, puis, après avoir fixé les deux conducteurs à leurs extrémités, l'un sous la vis placée près du dé d'ébonite, l'autre sous la première vis servant à fixer la paillette sur ce dé ; on fixe la plaque de cuivre à la feuillure au moyen de deux vis que l'on enfonce à travers les trous percés à chaque extrémité de la plaque. De cette façon, celle-ci ne dépasse pas la porte, et, seul, le dé isolant fait saillie extérieurement. Quand la porte sera fermée, le chambranle obligera la demi-rondelle à rentrer dans l'intérieur de la feuillure, ce qui éloignera l'une de l'autre les lamelles élastiques constituant le contact, mais aussitôt que l'ouverture de la porte rendra la feuillure libre, la demi-rondelle, sous la pression du ressort intérieur, et le courant circulant alors librement, parviendra à la sonnerie qui résonnera tant que le vantail ne sera pas refermé, forçant alors le dé à rentrer dans son logement en interrompant ainsi la communication entre les laines conductrices.

« Les contacts extérieurs pour sonnettes à fonctionnement intermittent n'exigent aucune entaille dans la feuillure. Il suffit, après avoir fixé les deux fils conducteurs, chacun sous l'axe des vis servant d'attache aux ressorts ou aux lames élastiques, de fixer la partie supérieure de l'appareil aux trois vis (dont les trous percés à l'avance indiquent l'emplacement), au-dessus de la porte à niveau de la feuillure et à 20 ou 30 centimètres de l'extrémité du vantail, du côté des gonds. D'autant plus près de la feuillure aux gonds sera posé le contact de sûreté, d'autant plus longue sera la durée du fonctionnement de la sonnerie.

« Pour poser les contacts de sûreté à pédale sous

des lames de parquet, des seuils de porte, des marches d'escalier, etc., il est nécessaire de rendre au préalable mobile en la montant sur deux tourillons, la lame sous laquelle on dissimule ce contact. Cette précaution prise, on attache les fils conducteurs aux vis des paillettes, de la même façon que s'il s'agissait d'un bouton ordinaire ou d'une pédale à bouton, en ayant soin que ce bouton se trouve perpendiculairement en dessous du pont d'appui de la marche ou de la lame mobile. »

Une fois que l'on a mis en place, en suivant ces instructions, les divers boutons et contacts du réseau, on accroche la sonnette, et le tableau annonciateur, s'il y en a un, dans l'emplacement à ce destiné, et à la hauteur voulue. On tend ensuite le fil négatif directement du pôle zinc de la pile à l'une des bornes de sonnette, tandis que le fil positif venant du pôle charbon se divise en autant de dérivations qu'il y a de boutons d'appel, dérivations qui s'attachent à l'une des paillettes de ces boutons. De l'autre paillette libre de ces boutons partent d'autres dérivations se réunissant sur un fil unique qui va s'attacher à la borne libre de la sonnette. Ce conducteur est désigné sous le nom de *fil de retour.*

Telle est la disposition qui doit être donnée à un réseau comportant un nombre quelconque de postes d'appel actionnant une sonnerie unique. Il est facile de se rendre compte, par l'examen de la figure que, par cet agencement, la sonnette ne peut pas carillonner, mais dès que l'on ferme le circuit en appuyant sur l'un des contacts, le courant circule librement de la pile à la sonnerie qui entre instantanément en action. Ces contacts sont disposés *en dérivation* sur les fils principaux se rendant de la batterie à la sonnette, c'est-à-dire que l'on renvoie le pôle positif à chacune des paillettes de droite de chaque bouton, par exemple, et que les fils venant de l'autre paillette de chacun de ces boutons vont à l'une des bornes de la sonnerie, après avoir été réunis ensemble chaque fois qu'ils se rencontrent pour éviter une dépense inutile de fils.

La pose d'un appel pouvant commander simultanément deux sonnettes peut être opérée par des méthodes différentes. On peut, par exemple, réunir les deux appareils sonores en série ou en tension, mais ce procédé est assez rarement appliqué dans la pratique, car il exige que les électros des deux sonneries aient exactement la même résistance et que les mouvements des armatures soient synchronisés. On préfère donc recourir à la méthode de dérivation et grouper les deux sonneries sur les deux fils principaux venant de la pile. Ce système est surtout employé dans le cas où l'on veut contrôler l'appel envoyé par l'interrupteur. L'une des sonnettes est alors placée non loin du bouton, de manière que, si la personne qui appelle l'entend résonner, elle peut être certaine que le courant a bien traversé aussi le fil de l'électro de l'autre sonnerie et que, par conséquent, celle-ci a bien fonctionné. On dispose encore les sonneries en dérivation quand il doit s'en trouver plusieurs sur le même réseau ; on a ainsi une entière sécurité. Pour utiliser au mieux l'énergie de la batterie, il faut, dans ce cas, la subdiviser en plusieurs groupes comportant chacun le même nombre d'éléments réunis l'un à l'autre en quantité, ces groupes étant couplés à leur tour en tension les uns avec les autres. Ce couplage mixte, en quantité et en tension, permet d'obtenir un courant plus intense, la résistance se trouvant réduite.

On peut dire, en résumé, que les connexions demandent du temps et du soin si l'on veut qu'elles soient durables et ne donnent lieu à aucun mécompte. C'est même pour cette raison que si l'on peut dissimuler facilement les fils le long des corniches ou baguettes, il n'y faudra pas manquer ; cela évitera la nécessité de n'employer que des conducteurs assortis à la teinte de l'ameublement.

Les connexions et sutures ne devront jamais se trouver dans un endroit inaccessible, par exemple dans un percement de mur : on les fera toujours en deçà ou au delà du trou. Si l'on a plusieurs fils suivant le même trajet, et qu'on doive les continuer par d'autres, on aura soin que les jonctions ne se trouvent pas toutes en face les unes des autres, de peur que, malgré les précautions prises, il ne puisse accidentellement survenir un contact entre ces fils. Enfin il faut éviter de placer un crochet à l'endroit où se trouve la ligature, car le travail qu'on a fait subir au cuivre l'a rendu cassant.

CHAPITRE II

Les tableaux annonciateurs et les avertisseurs Gâches électriques, allumoirs, etc.

LES TABLEAUX INDICATEURS

Quand un réseau de sonnettes comporte un certain nombre d'appels disséminés dans les différences pièces d'un même local, pour que la personne appelée sache de quel point l'appel est envoyé, comme c'est le cas dans les hôtels, les ministères, les bureaux, etc., il est de toute nécessité de compléter ce réseau par un *tableau indicateur* qui annonce, grâce à l'apparition d'un numéro ou d'une mention inscrite sur un carton, derrière un guichet transparent, l'endroit d'où le signal est parti.

Il existe plusieurs mécanismes de commande des cartons mobiles derrière les guichets des tableaux. Il y a autant d'*équipages* à électros que le tableau comporte de numéros. Ces électros possèdent des noyaux qui se prolongent de façon à comprendre l'armature qui est fixée à ses deux extrémités sur des viroles de laiton placées dans les noyaux au-dessous des bobines. L'électro est disposé horizontalement et l'armature est maintenue par l'effet du poids du disque de carton qui se trouve fixé sur elle. Lorsque le courant émis par la pile traverse les spires de la bobine, l'armature influencée par le magnétisme développé, exécute un quart de tour et vient toucher par une de ses faces les viroles de laiton. L'indicateur, entraîné dans ce mouvement, vient s'encastrer dans le guichet et fait ainsi apparaître la mention qu'il porte.

On s'est efforcé d'améliorer le fonctionnement des tableaux indicateurs en remplaçant par des électros en fer à cheval ceux à branche unique (électros boiteux) dont il est fait souvent usage. En calculant convenablement la forme de l'armature tout en lui donnant une sensibilité suffisante pour obéir aux effets du magnétisme, on parvient à réaliser une certaine économie d'électricité, en même temps que la construction de l'appareil est moins coûteuse.

Cependant il arrive que le fonctionnement des tableaux, pourtant installés avec la plus grande attention par des ouvriers expérimentés, est irrégulier, que les électros les actionnant soient à double bobine ou boîteux. A bord des navires, notamment, les mouvements de roulis et le tangage amènent souvent la chute intempestive et répétée de l'armature, causant ainsi inutilement le dérangement des préposés au service des cabines. C'est dans le but de remédier à cet inconvénient que l'on a créé un type d'électro-aimant spécial pour les navires, avec lequel le voyant ne peut être levé autrement qu'en appuyant sur le bouton.

Pour obtenir ce résultat, une lame de fer disposée en conséquence ne permet à l'armature de pivoter et de faire paraître le voyant au guichet que lorsque le courant passe dans les spires de l'électro. En général, ces appareils sont montés horizontalement l'un à côté de l'autre à l'intérieur d'une boîte en bois, fermée par une cloison ou d'un couvercle en verre rendu opaque par une couche épaisse de vernis noir dans laquelle on a réservé l'emplacement des guichets, ouvertures transparentes au milieu desquelles les cartons des voyants viennent s'encadrer. Ces boîtes sont accrochées au mur dans une position verticale, à l'aide de ferrures spéciales dont elles sont munies et qui s'engagent dans des clous à crochet enfoncés dans le mur.

Une série de bornes sont disposées côte à côte suivant une ligne horizontale à la partie supérieure du cadre, et ces bornes reçoivent tous les fils du réseau. Elles sont reliées, en même temps avec les électros commandant le mouvement du voyant de chaque guichet. Quant à la disparition de ces cartons, elle peut également être obtenue par l'électricité, et il suffit, dans ce cas, d'intercaler à l'intérieur un électro chargé d'opérer ce mouvement. Une pression du doigt exercée sur un bouton-poussoir disposé à la partie inférieure du cadre, suffit pour provoquer la disparition immédiate de n'importe quel carton, ou même, au besoin, de tous les cartons en même temps.

Lorsqu'un contrôle est nécessaire, il faut que chaque numéro ou mention puisse disparaître indépendamment des autres, et pour cela il est nécessaire de faire usage d'électro-aimants spéciaux, dits *à aiguille*, dont voici la description succincte :

Le carton portant l'inscription imprimée ou le numéro correspondant à l'emplacement du bouton d'appel, est fixé sur une aiguille aimantée qui peut osciller à droite et à gauche de son plan d'équilibre, suivant le sens dans lequel le courant parcourt les spires de l'électro. On conçoit donc que, si le courant arrivant de la pile et du bouton fait osciller l'aiguille *à gauche*, de manière à ce que le carton vienne se placer dans l'encadrement du guichet, l'effet inverse sera obtenu en appuyant sur le bouton poussoir situé au bas du tableau. Le courant traverse en sens inverse le fil des bobines de l'électro dont la polarité se trouve intervertie, et l'aiguille est chassée dans le sens opposé. Elle revient donc à sa position première avec le carton qui disparaît alors du guichet.

Ainsi donc, quand on vient à presser sur un bouton de contact quelconque du réseau, le circuit se trouve fermé, le courant de la pile vient agir sur l'électro auquel ce bouton correspond, puis arrive à la sonnerie qui entre en action en même temps que le numéro surgit dans un des guichets du tableau. Le préposé, ainsi prévenu de l'endroit où on le demande, prend la précaution, avant de s'y rendre, d'appuyer le doigt sur le bouton-poussoir. Le courant entrant par la borne 1 vient alors agir en sens contraire sur l'électro, et il s'échappe par la borne 2 qui le ramène à la source. Le numéro disparaît du guichet et l'appareil redevient prêt à enregistrer un nouvel appel.

Les tableaux à aiguille présentent malheureusement un grave inconvénient ; les aiguilles perdent graduellement leur aimantation sous l'influence des courants telluriques dus au magnétisme terrestre. De même, le passage d'un courant un peu trop intense dans l'électro amène une diminution progressive de la sensibilité de cette aiguille, et ces défauts ont assez d'importance pour limiter l'usage de ce procédé de commande du mouvement des cartons. De plus, comme le prix de revient de ce genre de tableaux est assez élevé, en raison de leurs dimensions plus grandes, on les remplace fréquemment par d'autres modèles possédant un autre type d'électro plus simple et d'un perfectionnement plus sûr et plus durable. Cet électro est muni d'une armature dite *à balançoire*, avec laquelle le voyant se montre ou disparaît du guichet suivant que le courant circule dans la bobine de droite ou celle de gauche.

On peut faire fonctionner ensemble plusieurs tableaux-annonciateurs, c'est-à-dire faire apparaître ou rendre invisibles les indications l'une par l'autre. Ainsi, dans les châteaux, hôtels particuliers, etc., on place fréquemment deux tableaux, l'un dans l'antichambre et l'autre dans le couloir des chambres de domestiques, de manière à ce que ceux-ci entendent l'appel, qu'ils se trouvent au rez-de-chaussée ou dans les combles. Dans ce cas, de même qu'en agissant sur un bouton quelconque on fait sonner et marquer à la fois aux deux tableau du haut et du bas, en pressant sur le bouton pressoir de l'un ou de l'autre tableau, on fait disparaître les numéros des guichets de ces deux appareils.

Mentionnons encore, avant de terminer ce chapitre, les tableaux à déclanchements dits *à lapin*, dans lesquels les indications sont masquées par un volet métallique, maintenu en bas par une charnière, en haut par un crochet disposé à l'extrémité de l'armature oscillante d'un électro-aimant. Lorsque le courant parvient à cet électro, l'armature attirée décrit un arc de cercle autour du pivot placé à moitié de sa longueur, le crochet se dégage et laisse le volet s'abattre, en tournant autour de sa charnière. Il vient toucher alors un plot et le courant est dérivé alors dans la sonnerie. Après avoir vérifié l'inscription ou le numéro ainsi démasqué, on redresse le volet qui est accroché dans sa position première et redevient prêt à transmettre un nouveau signal. Ces appareils ont un fonctionnement parfait, mais leur prix est un peu plus élevé que celui des tableaux à guichets, aussi les trouve-t-on plutôt employés avec les réseaux de téléphones privés.

POSE DES TABLEAUX INDICATEURS

L'ouvrier s'occupant habituellement de la pose et de l'installation des réseaux de sonnettes et de téléphones, doit avoir une boîte ou un sac à outils dont voici la liste, et qui tous lui sont nécessaires pour l'exécution de ses travaux :

2 tamponnoirs pour la pierre.	2 vrilles et 2 gouges.
2 marteaux-rivoirs de deux grandeurs.	2 chasse-tampons et 2 chasse-crochets.
2 casse-briques.	1 pince ronde, 1 pince coupante.
2 burins.	1 tournevis, 1 paire de tenailles.
2 pointes carrées en équerre.	1 assortiment de limes.
1 vilbrequin et ses mèches.	1 petit galvanomètre ou voltmètre.
1 paire de ciseaux, 1 mètre pliant.	1 élément de pile sèche.
1 fer à souder et ses accessoires.	

L'amateur qui veut installer lui-même ses appareils n'a pas besoin d'un matériel aussi complet ; cependant chacun des outils qui viennent d'être énumérés a son utilité.

Une opération à laquelle il convient de se livrer avant de commencer le travail, consiste dans la vérification attentive de tous les appareils que l'on va installer, afin de reconnaître s'ils sont en bon état et éviter par la suite toute perte de temps inutile. Rien n'est plus simple que d'essayer une sonnette, un interrupteur, les éléments de la pile et le tableau, avant la mise en service de ces divers objets. Pour la sonnette, on pose les deux fils de la pile sur les bornes, et on règle le degré de serrage de la vis du trembleur suivant qu'il est nécessaire. Pour un interrupteur, on attache un fil sous chaque paillette et on relie l'un de ces fils à un pôle de la pile et l'autre à une borne de la sonnette, la borne libre de celle-ci étant directement reliée par un troisième fil à l'autre pôle de la pile. Si la sonnette raisonne quand on ferme le circuit et s'arrête quand on l'ouvre, c'est que l'interrupteur est en bon état.

La valeur du courant de la pile s'évalue au moyen du

petit voltmètre, et un élément doit accuser une force électromotrice d'au moins 1 volt 2 après que la batterie vient d'être chargée. Quant aux tableaux-indicateurs, leur bon fonctionnement se vérifie en reliant la borne marquée Ch au charbon (pôle positif de la pile), la borne marquée Z au zinc de la même et la borne S avec la sonnerie. La deuxième borne de la sonnerie est mise en communication avec Ch pour fermer le circuit. Il suffit de toucher avec un fil partant de la borne Ch successivement toutes les autres bornes S du tableau placées à la suite des bornes Ch Z S pour faire apparaître l'un après l'autre tous les numéros ; on vérifie ainsi si le mécanisme de chaque guichet fonctionne correctement.

La mise en place des tableaux ne présente aucune difficulté insurmontable pour des amateurs : simplement une grande attention pour éviter tout accident ou toute dégradation, car les deux pôles se trouvant en présence dans ces appareils, il y a un danger permanent de court-circuit, en commençant par les deux paillettes de disparition, court-circuit qu'aucune manifestation extérieure ne vient révéler.

La boîte constituant le tableau étant suspendue aux murs par les agrafes dont il est muni, on serre les vis sur les bornes dans l'ordre suivant : à la première borne, le pôle charbon ou positif de la pile, à la seconde le pôle zinc ou négatif, à la troisième le fil allant à la sonnerie, à la quatrième le fil correspondant au premier guichet du tableau, à la cinquième, à la sixième, etc., les fils correspondant d'un bout au deuxième, troisième guichet, et de l'autre à l'une des paillettes libres de chaque bouton d'appel dont l'autre paillette est reliée à un fil de retour commun. Quel que soit le nombre de guichets, l'ordre de succession des bornes d'attache est toujours le même sur le tableau.

S'il s'agit de deux tableaux marchant ensemble l'un par l'autre (répétiteur), il faut ajouter à la droite de chacun d'eux une dernière borne en communication avec la paillette antérieure du bouton-poussoir commandant la disparition du signal, de sorte que, pour un tableau comptant dix numéros, il faut 14 fils. On les mène tous à la fois sans chercher à les distinguer, et après les avoir attachés et tendus, au premier tableau. Bien entendu, si les fils doivent traverser des murs, on a commencé par mesurer leur trajet et on les a coupés un peu plus longs qu'ils doivent être.

Pour reconnaître les fils une fois qu'ils sont arrivés auprès du tableau répétiteur, on fixe provisoirement à portée de celui-ci une sonnette après avoir placé un élément ou deux de piles auprès du tableau principal, et avoir attaché à l'un de ses pôles le premier fil ôté du tableau répétiteur et avoir fixé à l'autre pôle un fil auxiliaire que l'on a monté en le laissant flotter dans l'escalier ou par le plus court chemin jusqu'à l'une des bornes de la sonnette placée auprès du tableau secondaire ; puis, prenant d'une main le faisceau de fils à reconnaître, on présente de l'autre à la deuxième borne de la sonnette successivement toutes les extrémités dénudées de ces fils. Un seul fera sonner et ce sera évidemment celui de la borne n° 1 du tableau. On l'attachera alors définitivement aux deux tableaux en rapport, puis on ôtera le fil n° 2 du tableau principal pour l'attacher au pôle libre de la pile et ainsi de suite. Une fois tous les fils des tableaux reconnus, on ajoutera à leur faisceau les autres fils partant du tableau principal, et les deux faisceaux étant complets, sont alors tendus le long des murs, sur des isolateurs de bonne qualité. Arrivé au premier étage de l'habitation, on fixe tous les fils de ligne qui doivent s'y arrêter, et on opère les branchements sur les fils positifs et négatif. On n'a fait jusqu'ici que couper à longueur et attacher provisoirement chaque fil, autre que les fils de ralliement du tableau, arrivé près de sa destination. Ce n'est qu'une fois que tous les fils y sont que l'on peut terminer le montage, en dénudant l'extrémité de chaque conducteur, que l'on enfonce dans le trou de chaque borne dont on serre ensuite la vis à fond.

Dérangements dans les réseaux de sonnettes avec tableau indicateur. — En ce qui concerne les dérangements pouvant survenir dans un réseau avec tableau indicateur, voici, d'après Bellanger et Schlesinger, ceux que l'on observe le plus fréquemment :

1° Le court-circuit des paillettes du bouton-poussoir est très facile à éviter. Il suffit, avant de fermer le tableau, de s'assurer que les deux paillettes de l'interrupteur sont bien dans leur position normale ; dans le cas contraire, on les redresse de façon à ce qu'elles ne puissent fermer le circuit que sous la pression exercée par le doigt sur le bouton placé sur le cadre même du tableau, à la partie inférieure de celui-ci.

2° Il arrive aussi que, le travail une fois achevé, au moment d'essayer les différents organes composant l'nstallation, on entend bien résonner la sonnette, mais rien n'apparaît dans l'encadrement des guichets. Dans ce cas, il est bon de s'assurer si les bobines de l'électro de la sonnette sont enroulées dans le même sens que les bobines du tableau. C'est un fait assez fréquent, principalement lorsque la sonnette présente une certaine résistance, et on est obligé alors de remplacer la sonnette par une autre de même fabrication que le tableau.

3° Un effet diamétralement contraire à celui qui vient d'être examiné peut encore se produire au moment des essais. Les cartons, au lieu d'apparaître, disparaissent des guichets et ce résultat peut être dû à deux causes différentes dont nous venons de dire un mot.

Les aiguilles étant aimantées dans un sens magnéque déterminé et les bobines enroulées de façon qu'au moment du passage du courant, les noyaux de fer doux des bobines s'aimantent en sens opposé à l'extrémité de l'aiguille touchant à l'électro. Il résulte alors une sollicitation mutuelle de deux pôles magnétiques opposés et un effet d'attraction, alors qu'au contraire les aiguilles doivent être actionnées par une force magnétique répulsive. Ou bien, lorsqu'on fait l'appel par un pôle quelconque, on a négligé de se rendre compte si c'est le pôle positif ou le pôle négatif qui doit passer par l'appareil d'appel. Pour remédier à cet inconvénient, quelle qu'en soit la cause, il suffit d'intervertir l'ordre d'attache des fils aux pôles de la pile et mettre au charbon celui qui était au zinc et réciproquement.

4° On rencontre encore ce cas particulier : les cartons apparaissent et disparaissent normalement mais la sonnerie ne fonctionne pas. Ce fait peut être attribué à un oubli du constructeur qui a négligé d'isoler à l'intérieur du tableau les deux fils allant à la sonnette et au pôle négatif de la batterie. Pour éviter toute perte de temps ou interruption dans le travail, on peut ouvrir la boîte, glisser un bout de carton ou d'ébonite au croisement de ces deux fils, de façon à permettre au courant d'arriver librement à la sonnette.

5° Il y a encore à compter avec la confusion qui peut se produire au moment d'attacher les fils aux bornes CZS du tableau. Supposons que la personne exécutant la pose du réseau ait mis par inadvertance le fil positif à la borne Z et le négatif au C, l'apparition des cartons dans les guichets et le jeu de sonnette s'opéreront dans les conditions voulues, mais la disparition ne se fera pas. Dans ce cas, il faudra changer les deux fils des bornes CZ seulement.

Enfin, tous les autres phénomènes qui surviennent au cours de l'installation des réseaux de sonnettes avec tableaux, ne constituent en réalité que des variantes des causes d'erreur qui viennent d'être passées en revue, et reposent dans une déviation du sens normal de la circulation du courant dans les fils ou les appareils.

Les personnes exécutant ce travail de poste doivent être bien persuadées qu'il n'y a jamais rien de mystérieux dans les accidents qu'elles constatent, et qu'il suffit d'un peu de sagacité et de patience pour reconnaître l'emplacement du défaut d'où résulte le mauvais fonctionnement de l'installation. C'est pourquoi il est nécessaire de bien connaître le mécanisme des appareils que l'on veut mettre en place et la manière dont ils agissent sous l'impulsion de l'électricité. De cette façon, on ne se trouvera pas dans l'embarras lorsqu'un arrêt subit, partiel ou total, viendra à se produire, et le raisonnement, basé sur les indices que l'on pourra découvrir, permettra de discerner rapidement la cause de l'arrêt et l'emplacement du défaut, que celui-ci se trouve dans la canalisation ou dans l'un ou l'autre des appareils transmetteurs ou récepteurs. De cette façon, l'endroit défectueux se trouvant localisé, la réparation ne sera plus qu'une question de temps et de travail.

RÉVEILS ÉLECTRIQUES

Quand un appartement est pourvu d'un réseau de sonnettes électriques, on peut réaliser en même temps une foule d'autres applications domestiques du courant, et nous résumerons ici les principales, en commençant par la répétition des heures sonnées par les pendules de la maison, et les réveille-matin.

Pour faire répéter les heures frappées par une pendule à sonnerie ordinaire, il faut prendre d'abord une sonnette électrique à un coup, et non une sonnette à trembleur ordinaire, puis disposer sur la pendule un contact isolé que le marteau de la pendule vient toucher chaque fois qu'il se lève pour frapper une heure ou une demie. Le fil attaché à ce contact va s'attacher à une des bornes de la sonnette électrique. Un second fil est fixé à l'une quelconque des pièces métalliques du mécanisme d'horlogerie et vient d'un des pôles de la pile ; le circuit est complété par un conducteur reliant la borne restant libre de la cloche à l'autre pôle de la pile.

Avec ce dispositif, le circuit se trouve fermé chaque fois que le marteau se soulève pour s'abattre ensuite sur le timbre de la pendule, le courant passe alors librement de la pile à la sonnette électrique à un coup qui répète ainsi à distance tous les coups sonnés par la pendule. Un interrupteur permet de mettre à volonté cette sonnette répétitrice hors circuit.

Pour transformer une pendule ou un coucou ordinaire en réveille-matin électrique, il est de toute nécessité que l'horloge employée soit à cadran nu. c'est-à-dire non protégée par une glace circulaire en verre. On soude à l'extrémité de la petite aiguille marquant les heures, un pinceau de fils métalliques très flexibles. Ce pinceau pourra venir au contact d'une cheville métallique que l'on disposera sur un support approprié et mobile, de manière à pouvoir être approché à une petite distance du cadran au-dessous de l'indication d'une heure quelconque, que l'on peut choisir à volonté. Ce support est relié par un fil à un pôle de la pile, et le mécanisme de la pendule est relié de son côté à une borne de la sonnette. Un troisième fil réunit la borne libre à l'autre pôle de la pile. Un interrupteur placé à la tête du lit et intercalé sur le trajet de ce dernier conducteur permet d'arrêter à volonté la sonnerie en la mettant hors circuit.

Le fonctionnement est aisé à comprendre : lorsque la petite aiguille, dans son mouvement, arrive en face du chiffre fixé pour le réveil, le balai métallique qui la termine vient s'appuyer sur la cheville extérieure et ferme le circuit à travers la masse de la pendule. La sonnerie résonne alors sans relâche jusqu'à ce que le pinceau, en raison de sa flexibilité, ait passé de l'autre côté de la cheville, ou que le courant ait été coupé par la manœuvre de l'interrupteur. On peut imaginer de nombreuses variantes de ce dispositif pour fermer un circuit juste à un instant déterminé longtemps à l'avance.

GACHES ÉLECTRIQUES

On trouve dans toutes les maisons vendant des appareils électriques de toute espèce, des gâches à fonctionnement automatique par le jeu d'un électro-aimant agissant sur le pêne mobile. Ce système, qui s'applique surtout aux portes cochères est beaucoup plus sûr qu'un système à tirage, dont le fil de fer peut se rompre dans la traversée des murs. L'appareil se pose comme une serrure ordinaire et l'on prend, comme conducteur de courant, un câble sous plomb à deux conducteurs, qui peut passer sous terre ou suivre les murs jusqu'au bouton de contact, placé ordinairement dans la loge du concierge.

Il faut au moins six éléments de piles à sel ammoniac, modèle à sac et zinc circulaire, pour actionner cette serrure, surtout si la distance à franchir est un peu grande. Le schéma d'installation est identique à celui d'une sonnette électrique. Les deux fils venant de la gâche vont s'attacher, l'un à la sonnette l'autre au pôle positif de la pile ; un autre fil réunit, comme toujours l'autre borne de la sonnette au pôle négatif de la pile. Le bouton de contact permettant d'envoyer le courant à la gâche est intercalé sur le fil positif, entre la pile et le départ du câble sous plomb.

Il est un autre système de gâche, dont le but est tout autre que celle qui vient d'être décrite et que l'on pourrait plutôt appeler serrure à commande électrique à distance. Cette dernière permet de se prémunir contre les importuns, les indiscrets, et surtout de protéger les habitations contre les exploits des cambrioleurs. On peut d'ailleurs modifier une serrure de n'importe quel modèle pour la rendre propre à rendre ce service. Il suffit pour cela de fixer à l'intérieur de la gâche deux lames de cuivre courbes formant ressort et s'appliquant l'une sur l'autre à l'état de repos. L'une de ces lames est reliée à l'une des deux bornes d'une sonnette ordinaire à trembleur, en passant à travers un commutateur intercalé sur le trajet ; l'autre est en rapport avec l'un des pôles de la pile.

Quand on ferme la porte et que l'on donne un tour de clef, la pression du pêne sur la tige qui amène le courant, l'éloigne de l'autre. Le circuit est alors ouvert et l'on peut mettre le commutateur sur *sonnerie*. Si, par un moyen quelconque, ou tout simplement en donnant un tour de clef en sens inverse, on fait rentrer le pêne à l'intérieur de la serrure, la lame de cuivre écartée revient sur elle-même en raison de son élasticité et touche la lame voisine, elle rétablit la communication et ferme le circuit entre la pile et la sonnerie qui résonne bruyamment, à la grande contrariété du visiteur, et ce, jusqu'à ce qu'on ait refermé la porte ou rompu le circuit à l'aide du commutateur placé à l'intérieur du logement. Au lieu d'une sonnette, on peut employer tout autre appareil, par exemple, une petite lampe à incandescence qui s'allume automatiquement quand on ouvre la porte.

ALLUMOIRS ÉLECTRIQUES

Il existe deux catégories bien distinctes d'appareils de ce genre. Dans la première, l'organe allumeur est une spirale formée d'un fil de platine excessivement fin qui rougit par le passage du courant d'une pile ; dans l'autre, on utilise les phénomènes de self-induction produits par la circulation d'un courant de pile dans le fil d'une bobine dont le noyau est constitué par un faisceau de fils de fer. On a bien essayé de faire des allumeurs électrostatiques, dont l'organe principal était un cylindre ou un disque isolant actionné par un petit pignon à crémaillère, mais ce système a reçu peu d'extension ; le procédé par incandescence d'un fil de platine est également tombé dans un discrédit à peu près complet en raison des incommodités de ce disposif, qui n'est plus guère usité que dans un modèle dit *Luminus*, composé d'une pile au bichromate dont le couvercle supporte sur un pivot à tourillons une petite lampe à essence minérale. En appuyant sur une tige verticale entourée d'un ressort, on force le zinc à descendre dans le liquide excitateur ; le courant se dégage et amène à la température du rouge une petite spirale minuscule en platine, contre laquelle vient buter la mèche de la lampe, qui a basculé horizontalement pendant la descente de la tige mobile. En abandonnant celle-ci, elle remonte automatiquement à sa première position par l'effet du ressort, et, le zinc émergeant du liquide acide où il baigne, la production du courant est arrêtée.

On préfère avec raison, à ce système d'inflammation par contact, avec un métal porté à une haute température par le passage du courant. les allumoirs dits *à étincelle d'extra-courant*, dans lesquels l'électricité est encore produite par quelques éléments de piles dont la tension est considérablement augmentée par le passage du courant dans les spires d'une bobine de self-induction *électro-transformateur*.

Les modèles d'allumoirs basés sur ce principe sont très nombreux, mais ils se composent tous de trois pièces fondamentales : le générateur de courant, la bobine et la lampe à essence, avec le dispositif de rupture du circuit, qui varie selon les constructeurs. De toute manière, la lampe à allumer se trouve intercalée dans le circuit à haute tension de la bobine et placée de manière à ce que l'étincelle jaillisse exactement entre son bec et la partie mobile à l'aide d'une clef ou d'un levier en matière isolante sur lequel on agit en tirant, en pressant ou en tournant. Cette étincelle est assez chaude pour amener chaque fois l'inflamation de l'essence minérale contenue dans la lampe, et une même charge de la pile peut assurer plusieurs milliers d'allumages. Ce système est incontestablement plus économique que l'emploi des excellentes (!) allumettes de la régie.

Les piles dont il est fait usage pour alimenter les allumoirs à étincelle d'induction, sont les Leclanché à sacs. Il faut au moins 4 éléments en tension pour avoir un fonctionnement irréprochable ; lorsqu'un réseau de sonnettes est actionné par une batterie comportant un certain nombre d'éléments, on peut donc intercaler des allumoirs de ce genre en différents endroits du circuit. Il faut toutefois autant de bobines d'induction que d'allumoirs, à moins de monter les lampes à essence dans le circuit secondaire de la bobine. Le montage est donc le suivant : le fil positif de la pile va au fil d'entrée de la bobine, et le fil de sortie de celle-ci se rend au bouton permettant de faire jaillir l'étincelle ; un autre fils se rend, de la pince métallique qui maintient la lampe en place au pôle négatif de la pile.

Au lieu de piles à sels ammoniac à grande surface et d'une bobine de self-induction, on peut faire usage d'une petite magnéto à manivelle, analogue à celle servant à produire les appels sur les longues lignes de téléphones, mais cette machine est beaucoup plus coûteuse, on le comprend, qu'une batterie augmentée d'une bobine à noyau de fer feuilleté.

ALLUMAGE ÉLECTRIQUE DES BECS DE GAZ

Au lieu d'allumer une petite lampe à essence, on peut, avec une bobine d'induction identique à la précédente, actionnée par cinq ou six éléments à sacs, produire l'allumage à distance de becs de gaz ou de foyers quelconques.

Les becs de gaz ordinaires, ou à manchon à incandescence, à allumage électrique par étincelle d'induction, doivent être munies d'un robinet présentant une disposition spéciale, qui consiste en un tube de deux millimètres de diamètre, implanté sur le boisseau du robinet et débouchant à quelques millimètres de l'ouverture du bec à allumer, et en une lame flexible fixée à sa base sur un petit dé en matière isolante, appliqué sur le bec. Le boisseau mobile est muni d'une tige métallique se déplaçant avec lui et recourbée à angle droit à son extrémité qui vient buter contre le bout libre de la lame de ressort qu'elle force à plier avant de se dégager de ce contact. Ce genre de robinet est facile à établir, mais on aura plus simple à l'acheter, tout prêt à poser, chez n'importe quel marchand de petits appareils électriques ; son prix est d'ailleurs modique.

Ce robinet à gaz une fois mis en place, on dispose,

non loin de la batterie de piles Leclanché dont on veut utiliser le courant, une bobine ou transformateur sans trembleur, capable de fournir un courant induit de haute tension, et on relie les bornes d'entrée de cette bobine aux pôles de la batterie qui doit comporter au moins quatre ou cinq éléments. On fait partir les fils des bornes de sortie de la bobine et on les conduit aux robinets, en fixant l'un d'eux à la *masse*, constituée par l'appareil à gaz lui-même, et l'autre vis rattachant la lame flexible au dé de matière isolante.

Le fonctionnement de ce système s'explique aisément. Quand on veut allumer le gaz, on ouvre le robinet du bec comme d'habitude. Pendant le mouvement de rotation ainsi imprimé au boisseau, le petit tube se trouve un moment ouvert, et le gaz vient fuser à son extrémité. En même temps, la tige vient rencontrer la lame flexible, l'oblige à se courber puis à s'échapper par l'effet de son élasticité. Le contact entre ces deux pièces a fermé le circuit par la pile et le transformateur et, au moment où elles se séparent, il jaillit entre elles une étincelle de haute tension assez chaude pour enflammer le jet de gaz provenant du tube. C'est cette flamme qui, à son tour, met le feu au courant de gaz sortant du bec. En réglant le débit du robinet, on ferme l'orifice du tuyau allumeur qui s'éteint aussitôt.

Il n'est pas à craindre, avec ce procédé, d'épuiser les piles, puisqu'elles ne débitent le courant que juste pendant le temps où la tige et la lame du ressort sont en contact, c'est-à-dire pendant un espace très court. On peut donc être assuré de plusieurs milliers d'allumages avant d'être obligé de recharger les éléments. Ce dispositif, qui peut s'appliquer aussi bien aux becs à manchon à incandescence qu'à toutes les variétés de becs, présente donc le double avantage d'une grande économie et d'un fonctionnement prolongé sans crainte de dérangement.

ALLUMEUR-EXTINCTEUR AUTOMATIQUE

On peut fabriquer soi-même de la façon la plus simple un petit appareil de ce genre dont le fonctionnement est assuré. On prend un petit tube en U que l'on remplit d'eau à moitié et dont on ferme les deux branches par des bouchons ordinaires, dont l'un porte un tube effilé arrivant à un centimètre de la flamme de la lampe à essence que l'on veut éteindre. L'autre bouchon reçoit : 1° un tube de plomb analogue à celui des sonneries à air (3 mm. de diamètre) et allant jusqu'à l'endroit d'où l'appareil doit être commandé ; là, ce tube se termine par une poire de caoutchouc ; 2° un petit manomètre à mercure formé d'un simple tube recourbé deux fois.

Voyons ce qui va se produire au moment où l'on pressera sur la poire élastique. Si la lampe est allumée, elle va être soufflée par le courant d'air chassé par le tube. Continuons à comprimer ; le mercure en s'élevant alors dans le manomètre, vient rencontrer deux fils de cuivre disposés parallèlement ; il ferme le circuit entre ces fils et le courant parvenant à un petit ressort à boudin en fil de platine porte celui-ci à l'incandescence, ce qui détermine l'allumage de la lampe. Ainsi donc, une faible pression rapide, une chiquenaude par exemple donnée sur la poire amènera l'extinction de la lampe, alors qu'au contraire une pression prolongée produira l'allumage. Il est facile de combiner de nombreuses variantes de cet agencement.

ALLUMAGE A DISTANCE DES FOYERS

Deux fils de platine droits, de 5 millimètres de longueur et un demi-milimètre de diamètre sont soudés à l'extrémité de deux fils de cuivre nus de 10 centimètres de long. On empâte ces fils dans un peu de poudre de chasse délayée dans de la gomme arabique, et le tout est placé dans un petit tube de papier que l'on remplit avec un mélange de salpêtre et de charbon en proportions telles que cette composition fuse sans explosion violente.

Le courant, lancé par une horloge ou un réveil du genre de ceux qui ont été décrits plus haut, aura pour effet de faire rougir les fils de platine en contact ; cette élévation considérable de la température causera l'inflammation de la poudre et du mélange combustible remplissant l'espèce de petite cartouche en papier, et par suite des copeaux et du bois au milieu desquels on aura disposé le tube ainsi agencé.

Dans le cas où les ratés, dans ce procédé automatique de mise de feu à distance, auraient de l'importance, on peut avoir un moyen de contrôle et savoir si l'appareil a joué. L'horloge enverra donc, un quart d'heure après l'allumage, un courant dans une sonnerie placée à proximité de la personne intéressée, mais ce courant devra passer à travers un thermomètre à contact disposé non loin du foyer. Si la température a dépassé un certain degré fixé d'avance, le contact ne pourra se produire, et la sonnerie restera muette, ce qui donnera l'assurance que la mise de feu a bien été effectuée en temps voulu.

CHAPITRE III

Les téléphones domestiques fonctionnement, installation, réparations.

Les premiers téléphones a effets électromagnétiques. — Le téléphone, dont en vérité on ne saurait se passer aujourd'hui, en raison des services considérables qu'il rend, malgré les récriminations quelquefois justifiées auxquelles il donne lieu dans certaines grandes villes où la clientèle déborde les possibilités de l'installation, le téléphone est une invention absolument moderne. Si l'on peut faire remonter la première idée de la transmission des sons à distance par l'électricité à l'ingénieur français Charles Bourseul, en 1851, il n'est pas moins vrai que le premier appareil réalisant ce problème difficile, ne remonte qu'à l'année 1876, où le professeur américain Graham Bell l'expérimenta.

Le principe de fonctionnement du téléphone est le même que l'on rencontre dans toutes les machines électriques basées sur les lois de l'induction ; la seule différence consiste en ce fait que la quantité d'énergie mise en jeu est excessivement faible et ne donne lieu qu'à des mouvements moléculaires dans le fer de la rondelle, ou diaphragme du téléphone.

Ces mouvements infinitésimaux donnent naissance, dans le fil roulé autour du noyau aimanté des bobines dont les faces polaires sont situées en regard et à une très faible distance du diaphragme, à des courants induits dont l'intensité dépend des vibrations de la rondelle. Si, maintenant, ces courants sont transmis par une double ligne de conducteurs à une autre bobine identique à la première et disposée comme elle devant un diaphragme vibrant, ils influenceront ce diaphragme en raison de leurs variations d'intensité, et il en résultera que toutes les vibrations de la première rondelle seront exactement reproduites par l'autre et que les sons se trouveront répétés par cette transformation des ondes sonores en courants induits. Le premier appareil sera le transmetteur, et l'autre le récepteur.

A ses débuts, le téléphone électromagnétique de Bell ne se prêtait qu'à des communications de très peu d'étendue ; les sons étaient extrêmement faibles et il fallait une ouïe très sensible pour les saisir. Mais un important perfectionnement ne tarda pas à lui être apporté par la substitution du courant d'une pile aux courants ondulatoires.

Téléphones à piles. Transmetteurs microphoniques. — Ces appareils sont basés sur la remarque suivante, faite par M. le comte de Moncel, en 1856 : « L'intensité du courant dans un circuit muni d'un interrupteur est modifié suivant le degré de pression exercée au point de contact des pièces conductrices de cet interrupteur ». Cet effet s'observe notamment sur le charbon ; les variations de pression qu'il subit influent beaucoup sur sa conductibilité, et c'est sur ce phénomènes qu'est basé le fonctionnement du *microphone*. La première application est due à Edison, mais la résistance d'un contact imparfait a été réalisée en 1878, par l'électricien anglais Hughes, inventeur du télégraphe imprimeur. Tous les transmetteurs téléphoniques encore en service sont fondés sur les variations de résistance des contacts imparfaits lorsqu'on fait venir ce contact sous l'action d'un son articulé. Le charbon est employé de préférence à cause de son inoxydabilité, de sa médiocre conductibilité, de sa diminution de résistance avec la température, et les appareils ne diffèrent les uns des autres que par le nombre des contacts, leur disposition, leur couplage et enfin la disposition donnée à leur enveloppe extérieure.

Agencement des postes. — Un poste téléphonique se

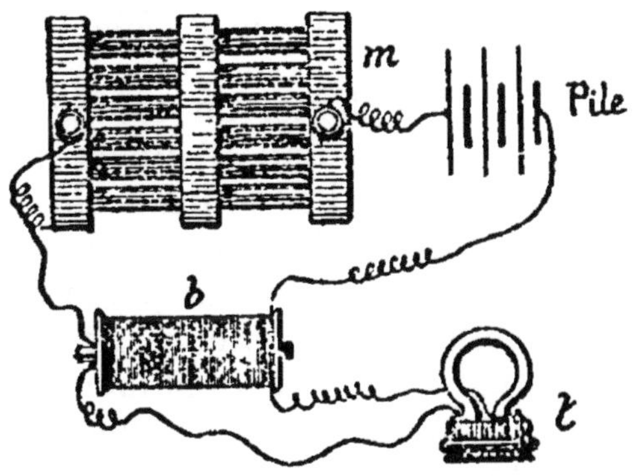

Fig. 77. — Schéma d'un poste téléphonique à bobine d'induction.

compose donc : 1° d'un transmetteur microphonique à crayons ou pastilles de charbon ; 2° d'une pile composée de quelques éléments Leclanché couplés en tension ; 3° d'un commutateur automatique ; 4° d'une sonnerie d'appel et 5° d'un ou deux récepteurs ou écouteurs téléphoniques. Le transmetteur est ordinairement une planchette vibrante, disposée obliquement ou verticalement et devant laquelle on parle. Les charbons microphoniques sont placés derrière elle à l'intérieur de l'appareil, qui peut être fixe ou transportable, et dans ce dernier cas, être combiné avec l'écouteur sur une même poignée. Lorsque la distance séparant les postes en rapport est considérable, le microphone est complété par une bobine d'induction, qui a pour but d'élever notablement la tension du courant de la pile et d'accroître en conséquence sa portée. Les récepteurs sont ordinairement des téléphones magnétiques de Bell, dont la puissance est accrue par la présence d'aimants renforçant l'action de l'électro-aimant. Ils sont suspendus de chaque côté du transmetteur, l'un au crochet du commutateur automatique. Il existe des récepteurs dits *haut-parleurs*, qu'il est inutile de porter à l'oreille pour écouter, car ils rendent des sons très puissants et perceptibles à distance.

Pour se servir du téléphone, on commence par appuyer du doigt sur un bouton d'appel, monté sur la tablette du transmetteur. Le courant de la pile du poste appelant traverse la ligne et va agir sur la sonnette électrique du poste appelé. La personne ainsi prévenue, en décrochant ses récepteurs de leur support, fait jouer automatiquement le commutateur qui retire la sonnette du circuit et dirige le courant dans le téléphone. On peut alors échanger une conversation. Celle-ci terminée, on raccroche les récepteurs, la communication est coupée, le commutateur remet la sonnerie du poste dans le circuit au lieu des téléphones et tout est remis en place pour une nouvelle conversation à distance .

Distribution téléphonique. — Les choses se passent comme il vient d'être expliqué, lorsque le circuit ne se compose que de deux postes. Quand le réseau est étendu, les fils desservant chaque poste aboutissent à un bureau central où se tient en permanence auprès d'un tableau indiquant la provenance de chaque appel, un employé chargé d'établir suivant les demandes qui lui en sont faites, les connexions de lignes entre le poste appelant et celui appelé. Mais s'il s'agit d'un réseau très développé, tel que celui d'une ville entière comptant des milliers d'abonnés au téléphone, le bureau central est pourvu de tableaux d'appel et de connexion, dits *multiples*, permettant d'effectuer toutes les jonctions soit entre abonnés, soit entre bureaux centraux situés dans des villes ou des quartiers éloignés. Toutes les grandes villes sont maintenant pourvues de réseaux de distribution téléphonique, et sont reliées ensemble par des lignes spéciales, analogues aux lignes télégraphiques aériennes, mais formées de deux conducteurs en cuivre ou en bronze et non de fils de fer, le retour du courant ne devant pas s'effectuer par la terre pour ne pas nuire à la netteté des communications.

Téléphonie sans fil. — De nombreux chercheurs : Graham Bell et Sumner Tainter en 1880, Ruhmer en 1890, ont essayé de transmettre la parole articulée au loin, sans conducteur matériel, en se servant de la conductibilité variable du sélénium suivant que ce métal est plus ou moins éclairé. Bell utilisait la lumière solaire réfléchie par un miroir sur la membrane argentée d'un tube parlant ; il donna à son appareil, qui ne constituait qu'une curiosité de laboratoire, le nom de *photophone*. Ruhmer, utilisant *l'arc parlant* découvert par le professeur allemand Simon, parvint à transmettre et à recueillir la parole lumineuse à une distance de 7 kilomètres. Mais ce sont les officiers de la marine française Collin et Jeance qui ont porté à son plus haut point de perfection la téléphonie sans fil, car on a pu échanger, grâce à leurs procédés, des communications de Marseille en Corse, c'est-à-dire à une distance de 220 kilomètres.

Installation des postes téléphoniques. — Dans le but d'assurer le fonctionnement normal et satisfaisant des postes téléphoniques, il convient d'observer certaines précautions que nous allons résumer ici le plus succinctement possible.

En premier lieu, il faut éviter de les poser sur des cloisons minces, et on choisira de préférence un mur assez épais pour accrocher l'appareil, — dans le cas où il s'agit d'un modèle fixe, placé à demeure dans une position verticale. La fixation doit être opérée d'une façon très solide à l'aide de vis tamponnées. Dans le cas où l'on se trouverait dans la nécessité d'effectuer la pose sur une simple cloison, l'appareil devra être isolé de celle-ci par deux ou trois épaisseurs de drap, par une semelle ou par des tampons en caoutchouc évitant la transmission des vibrations du mur jusqu'au microphone.

Tous les constructeurs recommandent de placer les postes téléphoniques autant que possible dans des endroits secs et à l'abri de la poussière, car celle-ci, en s'accumulant à la longue sur les contacts métalliques, finit par opposer une résistance sérieuse au passage du courant. L'humidité n'est pas moins nuisible que la trop grande sécheresse ; l'une amène l'oxydation des pièces métalliques, et les gouttelettes d'eau se déposant sur les contacts, amène des courts-circuits ; l'autre fait gondoler le bois qui peut même se fendre et laisser tomber les vis et les bornes qui sont enfoncées dans ses fibres.

Les postes microphoniques fonctionnent très bien avec deux éléments seulement de piles au sel ammoniac. Toutefois ce nombre peut être doublé quand la distance séparant les postes est un peu considérable, mais il ne doit pas être dépassé, car un excès de tension du courant peut causer des crépitements gênants beaucoup les transmissions téléphoniques.

Le nombre d'éléments nécessaire pour assurer le fonctionnement des sonneries d'appel des postes téléphoniques varie naturellement suivant la longueur de la ligne et la résistance de ces sonneries. La pratique est ordinairement le meilleur guide pour déterminer ce nombre d'éléments à employer ; quant au système, ce ne peut être un autre que celui de Leclanché. Le modèle à aggloméré à sac est celui qui s'impose, car il présente une moindre résistance intérieure, c'est-à-dire une plus grande intensité de courant. Toutefois, cet avantage ne fait que compenser une inconvénient des piles de

Fig. 78. — Poste téléphonique.

ce genre qui faiblissent quand la conversation téléphonique est prolongée. La polarisation de la pile cause un affaiblissement du son, aussi est-on obligé, dans certaines circonstances, d'employer des batteries de rechange. C'est pourquoi, dans le cas d'un service très chargé, il est préférable de recourir à l'usage de magnétos pour les appels.

Le nombre d'éléments nécesaires est déterminé par la longueur et la résistance de la ligne, mais un poste microtéléphonique n'a jamais besoin, dans les réseaux particuliers de peu d'étendue, de plus de trois à quatre éléments couplés en tension.

Les formes que les constructeurs donnent aux postes téléphoniques sont très variées ; les plus répandus sont les postes dits *muraux* qui, comme leur nom l'indique, s'accrochent aux murs par des agrafes, et ont leur plaque microphonique disposée verticalement, horizontalement, ou obliquement ; les postes forme *porte-montre*, dans lesquels le récepteur téléphonique, qui rappelle un peu l'aspect d'une grosse montre, est accroché sur le microphone, qui est posé sur une console ou sur une table, les postes *à pupitres* ou *à colonne*, ce dernier monté sur une colonnette de bois, dont le socle porte les vis et bornes de connexion, enfin les *monophones* et les postes *combinés*, montés sur une poignée unique et comportant le transmetteur et le récepteur, si bien que l'on peut écouter tout en parlant devant le cornet métallique ou l'embouchure de l'appareil. Ces modèles qui, au repos, sont suspendus à un crochet-commutateur ou posés sur un support, sont actuellement très en faveur en raison de leur sensibilité et de la netteté de l'audition qu'ils procurent.

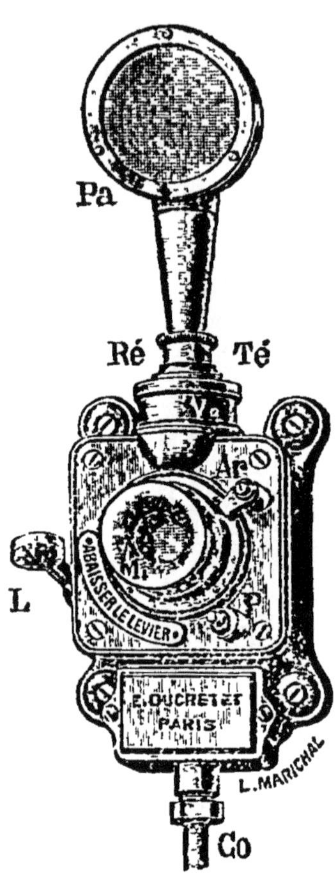

Fig. 79. — Poste microtéléphonique.

Quand on désire communiquer avec différents postes, l'appareil doit être muni d'un commutateur à manette comptant autant de directions et de plots que le réseau compte de postes. Avant de téléphoner, on place la manette sur le plot correspondant à la ligne du poste avec lequel on veut communiquer, puis on sonne pour appeler la personne avec qui l'on désire causer. Le commutateur est quelquefois distinct du récepteur et affecte l'aspect d'une boîte portant un certain nombre de trous correspondant chacun à un poste du réseau ; les connexions s'opèrent avec un cordon à fiche.

La personne munie d'un appareil ainsi agencé peut communiquer avec tous les points du réseau et réciproquement, mais ces postes ne peuvent pas communiquer entre eux. Par la méthode dite des postes *embrochés*, il n'en est pas de même, et les postes peuvent indistinctement entrer en relations l'un avec l'autre, à l'aide de deux fils de ligne et d'un commutateur, mais ce procédé ne donne pas autant de commodité que celui par *bureau central*, sauf dans le cas où le nombre des postes est très restreint. Dans une maison de commerce, une administration, on aura avantage à recourir à ce dernier système. Toutes les lignes aboutissent à un tableau-annonciateur, à guichets ou à lapins, et un employé est préposé en permanence à l'établissement des connexions entre le poste demandeur et celui qui est demandé, connexions qui s'opèrent à l'aide d'un cordon à fiche et d'un tableau à trous spécialement agencé.

Lorsqu'on procède à l'installation d'un réseau privé de téléphones, on met d'abord les appareils en place : postes, batteries, etc., avant de s'occuper des canalisations réunissant les postes les uns aux autres, et qui doivent se composer de fils de cuivre recouverts d'une bonne couche d'isolant et d'un guipage de coton, reposant sur des supports isolateurs sur tout leur trajet, et se raccordant lorsqu'il est nécessaire avec les dérivations prolongeant les lignes. Si ce travail a été exécuté avec soin et précaution, le contact est parfait, et l'isolement des circuits assuré.

SOINS A PRENDRE DANS L'INSTALLATION DES POSTES ET RÉSEAUX TÉLÉPHONIQUES

Les courants électriques employés pour les téléphones présentent une forme ondulatoire. Les sons aigus sont transmis par des courants relativement moins intenses que les sons graves ; en outre, ils présentent une tendance à retarder dans leur propagation ce qui, dans le mélange des sons fondamentaux avec leurs harmoniques, dont l'ensemble constitue la parole, amène une déformation qui change la tonalité et donne à la voix entendue un timbre nasillard particulier. Il résulte de ce fait qu'il est nécessaire de diminuer autant que possible la self-induction des circuits, en supprimant dans les appareils tout aimant superflu et en faisant usage, pour les lignes, de conducteurs non magnétiques. La limite de la portée téléphonique de la voix, déterminée par de nombreuses expériences, est de 500 kilomètres avec des lignes en fil de fer galvanisé, tandis que l'on a pu correspondre jusqu'à 3.000 kilomètres avec des lignes soigneusement isolées, en fils de bronze phosphoreux ou siliceux. On a bien songé à corriger les effets de la self-induction en utilisant les propriétés des condensateurs électriques intercalés sur la ligne, mais la capacité des câbles, surtout de ceux noyés dans le sol ou dans un caniveau, agissant comme un condensateur branché en dérivation, exerce un effet absorbant très nuisible que l'on peut heureusement éviter en suivant les indications de la pratique.

Mais indépendamment de la self-induction et de la capacité des circuits, il peut exister d'autres causes de perturbation ou d'affaiblissement dans la transmission. Les plus fréquents résident dans des joints défectueux de lignes aériennes qui vibrent sous l'action du vent, et, dans le champ magnétique constitué par la masse terrestre, agissent comme de véritables contacts microphoniques. Ce sont aussi les courants telluriques qui agissent par induction sur les conducteurs et produisent dans les récepteurs un sifflement caractéristique fort désagréable, lequel peut encore être augmenté par d'autres causes et qui viennent s'y ajouter. Tels sont les courants produits par les décharges de l'électricité atmosphérique, par les orages magnétiques, les aurores polaires, les réactions chimiques qui prennent naissance dans le sol, puis les courants dérivés provenant des pertes à la terre des lignes télégraphiques ou des circuits de distribution d'énergie situés à proximité, et qui sont autant de causes de pertubations dans le fonctionnement des téléphones.

Dans le cas où le retour du courant s'opère par le sol, si une prise de terre télégraphique se trouve par hasard à peu de distance de la prise de terre de la ligne téléphonique, il se produira une dérivation du courant télégraphique sur l'autre ligne qui sera d'autant plus accusée dans les récepteurs que ceux-ci seront plus sensibles et le temps plus humide. Il est possible même que des communications anormales viennent à s'établir entre les fils d'un même réseau, par suite de l'eau recouvrant les isolateurs. Les courants dérivés qui résultent de ces courts-circuits ou de ces mélanges acquièrent, sur les lignes téléphoniques d'une certaine étendue ou sur celles dont l'isolement n'est pas absolument parfait, une intensité suffisante pour causer dans les récepteurs des bruits anormaux de crépitation ou de *friture*, comme on dit ordinairement, et presque masquer le son de la voix. On remédie à cet inconvénient, non sans importance, en faisant usage, sur le parcours des lignes aériennes, d'isolateurs à double cloche, dont les supports métalliques, pattes de scellement ou consoles sont reliés par un fil de fer. Le courant électrique qui tra-

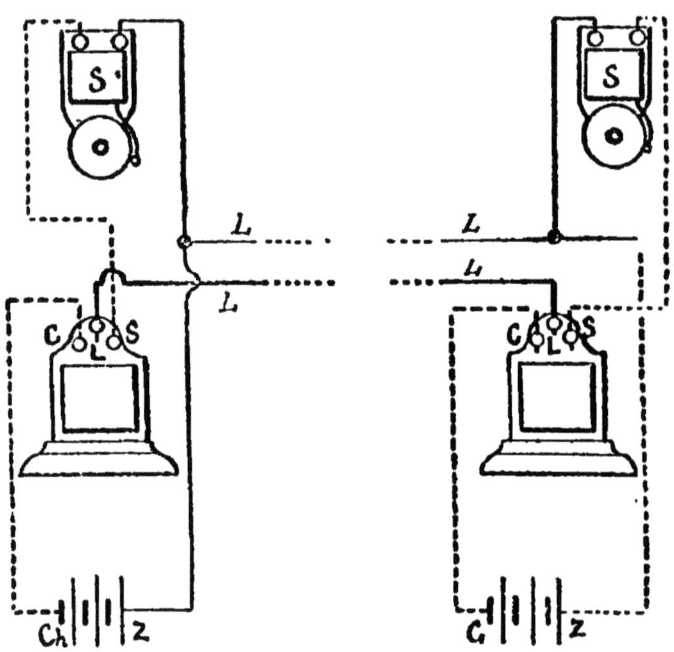

Fig. 80. — Agencement de deux postes téléphoniques.

verse un isolateur passe ainsi directement dans le sol et ne se porte pas sur le fil voisin.

Enfin une dernière cause de perturbation et qui n'est pas la moins grave, consiste dans le phénomène d'induction produit par un fil traversé par un courant sur un autre fil. Quand on fait passer le courant dans un fil tendu parallèlement à un fil téléphonique, deux effets particuliers se remarquent sur cette ligne : 1° un courant de décharge statique qui parcourt la ligne en pénétrant par ses deux extrémités ; 2° un courant dû à l'induction mutuelle des fils, de sens opposé à celui du conducteur qui parcourt la ligne d'un bout à l'autre.

En raison de la grande sensibilité des récepteurs téléphoniques, ces courants induits permettent d'entendre sur une ligne les conversations échangées par un fil voisin si celui-ci est tendu dans une direction parallèle à l'autre, même seulement pendant un trajet relativement court. Sur une distance considérable, on entend la parole aussi clairement que sur la ligne directe reliant les deux postes.

Un premier remède contre l'induction mutuelle a été proposé par l'électricien anglais Hughes. Il consiste à faire aboutir les divers fils conducteurs aboutissant à un poste téléphonique à des bobines plates disposées les unes sur les autres, elles engendrent des courants induits de sens contraires à ceux qui circulent sur les lignes où elles contrarient la propagation du courant principal.

Ce procédé peut être efficace dans le cas où il n'existe que deux fils s'influençant l'un l'autre. En réglant convenablement la distance des bobines ainsi branchées aux extrémités des fils, on supprime complètement ce phénomène de l'induction mutuelle sur les deux fils. Mais quand le nombre de conducteurs dépasse un certain chiffre, très peu élevé, ce système ne possède plus la même efficacité, car il devient de plus en plus difficile de calculer l'agencement des bobines, de manière à ce qu'elles prennent une position avantageuse les unes par rapport aux autres.

La solution la plus satisfaisante consiste, ainsi que l'expérience l'a démontré d'une manière péremptoire, à rejeter l'utilisation de la terre comme moyen de retour des courants téléphoniques et n'employer que des circuits entièrement métalliques. On évite ainsi, en même temps, les dérivations provenant des prises de terre voisines, des courants de charge électrostatique, ainsi que le sifflement continuel provenant de l'action des courants telluriques.

Les deux fils d'aller et de retour constituant une ligne téléphonique, doivent être disposés dans des conditions exactement semblables à celles que présentent les lignes environnantes, de telle façon que les forces électromotrices d'induction qui y prennent naissance s'annulent dans le circuit. Dans les câbles composés d'un faisceau de fils doubles isolés, dont chaque paire dessert une ligne différente, chaque fil double est enroulé en hélices de pas très allongé, l'un autour de l'autre, de façon à compenser exactement l'induction mutuelle qu'ils développent. Dans les lignes aériennes composées de fils métalliques nus et dans les lignes sous-marines, ce procédé est toutefois d'une application moins aisée, mais on a tourné la difficulté en munissant les poteaux de ferrures de support de forme spéciale permettant de faire croiser les fils de manière à ce que ceux-ci effectuent un tour complet autour l'un de l'autre tous les quatre poteaux.

Vérification des installations téléphoniques. — Les postes étant mis en place, on s'assure d'abord, avant de serrer définitivement les vis des bornes d'attache des fils, que leur fonctionnement est normal. Dans ce but, on met les fils d'une pile de deux éléments, l'un à la borne de ligne, l'autre à celle de retour ; la sonnerie d'appel doit alors résonner sans interruption, sauf lorsqu'on appuie le doigt sur le bouton devant la commander en temps ordinaire. On met alors les fils de la pile à leur place respective et on relie provisoirement les deux bornes du poste en essai à la ligne. Si les communications sont bien établies, on doit entendre un bruit sec dans le récepteur quand on passe le doigt sur la planchette du transmetteur.

On vérifie ensuite le fonctionnement de la sonnette d'appel, et on s'assure du bon réglage de la vis du trembleur, ainsi que de l'état de conservation des contacts, paillettes, etc., que l'on frotte au papier d'émeri lorsqu'elles sont oxydées.

Si, à la longue on remarque un affaiblissement du son, ce défaut peut provenir soit du mauvais état de la pile soit d'un déréglage dans les récepteurs. Les remèdes à apporter à cet état de choses sont simples : il faut, dans le premier cas, visiter les éléments, les recharger s'ils sont épuisés ou les changer s'ils sont en mauvais état. Si la cause provient du récepteur même, on regarde la rondelle vibrante, qui doit se trouver à une distance d'environ un demi-millimètre de la bobine. Dans le cas où elle se trouverait trop éloignée, ou au contraire trop rapprochée de cette pièce, il faudrait ramener cette rondelle à sa distance normale en agissant sur la vis de rappel. S'il arrivait qu'elle fût déformée ou gondolée, force serait de la changer.

Il peut arriver qu'une décharge atmosphérique, lorsque la ligne téléphonique ne possède pas de parafoudre, suive les fils et parvienne jusqu'aux récepteurs où la foudre brûle la bobine de l'électro. Le seul remède consiste à remplacer alors la bobine brûlée ou endommagée.

L'interruption complète de la transmission est due le plus souvent à une rupture de fils à l'intérieur du cordon souple soutenant le récepteur. Pour s'en assurer, on réunit au poste les bornes des lignes avec un bout de fil de cuivre dépouillé de son isolant. On soulève ensuite le récepteur du crochet de suspension formant commutateur automatique, et on doit entendre un léger craquement dans le téléphone quand on frappe légèrement du bout du doigt sur la planchette. Si l'on n'entend rien, c'est que le défaut est dans ce poste. Pour localiser la recherche, s'il y a deux récepteurs comme c'est ordinairement le cas, on réunit les deux bornes de l'un des deux et on écoute avec l'autre, puis on répète cette opération avec l'autre, jusqu'à ce que l'on ait découvert la cause du défaut.

Il peut encore arriver qu'en soulevant du bout du doigt le récepteur d'un poste, il se produise un bruit continu dans le récepteur, bruit provenant de la sonnerie du poste correspondant. Ce bruit cesse aussitôt que la personne se trouvant à ce poste décroche son récepteur pour répondre. Si l'on veut remédier à ce défaut, il est nécessaire de diminuer le nombre des éléments de la batterie actionnant le microphone, ou d'armer davantage le ressort antagoniste de l'armature de la sonnerie.

Quand, après avoir vérifié un poste téléphonique, et l'avoir trouvé ou remis en état, on constate que la transmission reste impraticable, on peut en conclure que le défaut est alors dans la ligne ou dans les appareils du poste correspondant. Pour vérifier l'état de la ligne, on se sert d'un galvanomètre et d'une pile, mais il faut avoir soin, à l'autre poste, d'isoler les fils puis les mettre à la terre ou les réunir, suivant que la ligne est simple, avec retour par la terre, ou double, c'est-à-dire à deux fils.

L'interruption complète de la transmission est le plus souvent due à une rupture d'un des fils dans le cordon souple des récepteurs. Pour s'en assurer, on réunit au poste les bornes des lignes, on décroche ensuite le récepteur du crochet formant commutateur automatique, et l'on doit entendre un petit craquement sec dans le téléphone lorsqu'on frappe légèrement du bout du doigt sur la planchette vibrante. Si l'on n'entend rien, c'est que l'interruption est bien dans ce poste ; s'il y a deux récepteurs, afin de localiser la recherche, on réunit les deux bornes de l'un et on écoute avec l'autre, puis on répète alternativement cette opération jusqu'à ce qu'on soit arrivé à déterminer quel est l'appareil en mauvais état.

Les bruits désagréables de friture qui sont constatés dans les postes microtéléphoniques peuvent encore provenir d'un contact imparfait, résultant d'un serrage insuffisant des fils sur les bornes, ou encore de l'état défectueux des éléments de la batterie, du contact accidentel de deux fils de polarité différente devant rester au contraire soigneusement isolés, ou encore quelquefois du nombre exagéré d'éléments de piles pour la longueur de la ligne.

DÉRANGEMENTS DANS LES POSTES ET RÉPARATIONS

Les dérangements des postes téléphoniques peuvent provenir de causes multiples, telles que défaut de réglage des organes, rupture de fils, piles hors de service, etc. Pour découvrir les causes d'un dérangement subit dans le fonctionnement d'un réseau, on commence par visiter les piles pour s'assurer qu'elles n'ont pas besoin d'être rechargées et que les contacts ne sont pas oxydés, puis, si tout est en bon état de ce côté, on suit de l'œil le trajet de tous les fils visibles, tout en les suivant du doigt pour reconnaître si l'un d'eux ne serait pas par hasard rompu à l'intérieur de l'isolant. On vérifie ensuite l'intégrité des récepteurs, en procédant ainsi qu'il a été indiqué un peu plus haut, et, s'il y a une bobine d'induction on inspecte cet organe, en s'assurant, à l'aide d'un galvanomètre et d'une pile, qu'aucun des fils n'est rompu et qu'il n'existe aucune dérivation ou perte.

Quand, après avoir ainsi vérifié l'une après l'autre toutes les pièces constitutives d'un poste, et que l'on a tout trouvé en parfait état, on peut en inférer que la défectuosité gît soit dans la ligne de communication, soit dans l'un des appareils correspondants, et alors les causes de dérangements peuvent être l'une des suivantes :

Dans les lignes à simple fil, lorsque le défaut d'isolement est situé dans un endroit voisin du poste, on n'entend pas, dans le récepteur, le frottement des doigts sur la plaque du transmetteur. Si le défaut est dans un endroit éloigné du poste, on ne remarque rien d'anormal dans le téléphone, et il faut s'assurer que l'appareil est en bon état. Il en est de même lorsqu'il y a une perte à la terre. Dans les lignes à deux fils, on observe de l'induction, et, si la rupture n'affecte qu'un fil et qu'elle soit un peu éloignée des deux postes, on peut échanger des conversations mais la sonnerie ne fonctionne pas. Si la rupture est tout près de l'un des postes, on ne reçoit rien, ni sur la sonnerie ni par le téléphone et il en est de même si les deux fils de ligne sont rompus. Enfin, s'il y a une perte à la terre sur un seul fil, on ne remarque que de l'induction ; si les deux fils sont à la terre on ne communique d'aucune façon.

Si l'un des fils touche celui d'une ligne voisine, il y a mélange et induction, et les communications sont difficiles, mais les transmissions s'opèrent cependant. Si ce sont les deux fils de la ligne qui sont mêlés ensemble, on ne reçoit rien et il n'y a pas d'induction. Toutefois on ne peut être certain qu'un mélange s'est réellement produit que lorsque le fait est constaté et que l'on reçoit sur la sonnerie de son poste des appels lancés par un fil voisin. Sur les lignes à double fil, quand un mélange a lieu entre les fils de la ligne et ceux d'une ligne voisine, on ne communique plus ni par le téléphone ni par la sonnerie, mais on ne remarque que l'induction normale de la ligne. Il faut donc, dans tous les cas, rechercher, par une visite attentive, l'emplacement du mélange sur la dérivation, qui résulte presque toujours d'une détérioration de la couche isolante, et d'un contact du fil ainsi dénudé avec le fil le plus proche. Le défaut reconnu, rien de plus simple ensuite que d'apporter le remède convenable, de manière à rétablir la netteté des communications altérées ou supprimées.

En ce qui concerne l'entretien des postes microtéléphoniques, nous dirons qu'an cas où il se produirait subitement un arrêt de fonctionnement dans une sonnerie d'appel, il faudrait s'assurer en premier lieu que la pile est en bon état, puis, cette vérification opérée, voir si la sonnerie n'est pas déréglée ou détériorée en l'essayant directement sur le courant de la pile. Si la sonnerie et la pile sont trouvées en bon état, et que cependant l'appel ne résonne pas, il faut pousser les investigations plus loin et examiner les contacts du bouton, les vis des bornes et les divers contacts intérieurs. Bien souvent, un coup de tournevis et un nettoyage sommaire, avec du papier de verre ou de la toile émeri fine, des pièces métalliques, suffisent pour remettre tout en ordre.

L'affaiblissement de la sonorité des transmissions peut provenir aussi bien du mauvais état et de l'usure de la pile que des téléphones récepteurs qui peuvent être déréglés. Pour remédier à ces défauts, dans le premier cas, il est nécessaire de recharger les piles ou de changer les zincs ou les agglomérés usés ; dans le second il faut régler la vis centrale se trouvant au fond du téléphone, en l'éloignant ou en la rapprochant de la rondelle vibrante, suivant le cas. Cette rondelle du récepteur doit toujours être parfaitement plane, et si, pour une raison quelconque, elle s'était déformée, il faudrait la remplacer.

L'interruption complète de la transmission de la parole est souvent causée par la rupture d'un des fils du cordon souple. Pour s'en assurer, on réunit par un bout de fil de cuivre nu la borne charbon-microphone à la borne de ligne, ensuite en portant le téléphone à l'oreille et en frappant doucement avec le doigt sur la tablette du microphone, on doit entendre un bruit sec dans le récepteur. Si l'on ne perçoit aucun bruit, c'est que, bien certainement, un fil du cordon s'est rompu ou que quelque vis de pression est desserrée ou simplement oxydée. Parfois aussi, ces interruptions peuvent être causées par une déformation de l'appareil, due à l'humidité ou au contraire à une trop grande sécheresse, et dans ce cas il est nécessaire de démonter entièrement le poste pour le réparer.

RACCORDEMENT DES FILS

Il est très important de savoir bien opérer les raccordements qu'on appelle *torsades* et *ligatures*, car l'isolement de tout un réseau est souvent détruit par une seule connexion mal faite et donnant de faux contacts ou causant des courts-circuits ou des pertes à la terre. Voici donc comment on doit procéder : on commence par dérouler à l'extrémité de chacun des fils à réunir, le guipage qui les recouvre, en ayant soin de ne pas les rompre, et de manière à découvrir quelques centimètres de l'enduit isolant. On enlève toute la partie de cette matière qui est découverte, au moyen de ciseaux, et on rend le métal bien nu et bien brillant. Alors on pose l'un sur l'autre, en croix, à angle droit, les deux bouts de cuivre dénudés, en ayant soin que le point de rencontre soit une distance d'un centimètre environ de la limite à laquelle s'arrête la dénudation du métal ; puis on imagine une ligne droite, partant du point de rencontre et divisant en deux parties égales chacun des deux angles, formés par chaque extrémité du cuivre nu et l'arrivée de l'autre fil qui lui est voisine, autrement dit, on mène les bissectrices de ces deux angles, et c'est une seule et même ligne droite, ces angles étant opposés par le sommet. Cette ligne droite est l'axe autour duquel on va faire tourner chacun desdits côtés de l'angle droit considéré, en ayant soin de lui conserver son inclinaison de 45° sur cette bissectrice. Pour cela, maintenant les deux fils en croix, fortement serrés en leur point de rencontre, par l'extrémité d'une pince plate ou simplement par le pouce et l'index de la main gauche on saisit à la fois entre le pouce et l'index de la main droite (et non pas dans une pince plate ; une pince spéciale dite *à torsade espagnole* a été imaginée pour cet usage, mais n'est nullement nécessaire pour ces petits fils de sonnerie) l'extrémité du cuivre dénudée et l'arrivée de l'autre fil, qui forment un V, et l'on tord, à partir du sommet de l'angle, en serrant (dans le sens dextrorsum), en ayant soin, nous le répétons, de ne pas augmenter ni diminuer cet angle. Puis on en fait autant pour l'angle opposé par le sommet, en faisant la torsade bien serrée, jusqu'à la limite de dénudation ; on coupe ensuite avec des ciseaux, les extrémités de fil dénudé qui sont en trop ; on abat les bavures de la section au moyen de la pince plate. La torsade ou connexion n'a ainsi guère plus d'un centimètre de longueur : c'est suffisant ; tout au plus doit-elle aller jusqu'à quinze millimètres ; la faire plus longue serait se donner un travail inutile pour la recouvrir de guipage, et faire subir à chaque fil une torsion sur lui-même toujours préjudiciable. On recouvre d'abord la ligature d'une petite feuille de gutta, qui fait trois ou quatre couches, et que la chaleur de la main suffit à souder ; l'ensemble ne doit pas dépasser de beaucoup l'épaisseur de la gaine de gutta voisine ; enfin on enroule par-dessus et on arrête proprement la guipure, qu'on a eu soin de ne pas rompre. Si tout ce travail a été fait avec un peu de soin, le contact est parfait et l'isolement assuré.

LES LIGNES TÉLÉPHONIQUS A RETOUR PAR LA TERRE

On sait que, pour qu'un courant se manifeste dans un circuit, il est de première nécessité que ce circuit ne présente aucune solution de continuité. Donc. pour fermer le circuit entre deux appareils téléphoniques éloignés l'un de l'autre, il faut les réunir par une ligne composée de deux conducteurs, dont l'un est dit *fil de retour*, soit par la terre qui peut jouer le rôle de conducteur de retour.

C'est l'illustre physicien Ampère qui a montré que le sol présente la propriété de transmettre le courant, en agissant comme un conducteur de grande section, et par conséquent de faible résistance, et cette remarque a été mise à profit, d'abord pour les télégraphes et ensuite pour les lignes téléphoniques, car on peut ainsi supprimer un fil sur deux et diminuer de moitié la dépense entraînée par l'installation de la ligne.

Mais la terre, à la surface, présente une certaine résistance à la pénétration du courant, et c'est pourquoi, afin de faciliter la transmisison, il est nécessaire d'observer les règles suivantes : On pratique à peu de distance de la maison où se trouve chaque poste, une fouille assez profonde, et on y dépose à plat une feuille de cuivre rouge ou de zinc, d'un demi-mètre carré de surface, que l'on met en rapport, par un gros fil de cuivre soudé, avec le pôle négatif de la pile. On remplit ensuite le trou de coke grenaillé, ou mieux de débris de charbon de cornue ou aggloméré, que l'on arrose d'une solution saturée de sel marin, puis on comble la fouille avec la terre enlevée, en ayant soin de la mouiller, car la terre sèche n'est pas bonne conductrice.

Une semblable installation n'est pas toujours aisément réalisable, et elle n'est d'ailleurs avantageuse que lorsque la distance séparant les postes dépasse plusieurs kilomètres et que la dépense du fil de retour serait onéreuse. On n'a recours à ce procédé, dans les applications domestiques, que lorsqu'on peut aisément se relier à une canalisation générale d'eau ou de gaz, ou bien se mettre facilement en communication avec une nappe d'eau, par le moyen de puits existant à proximité de l'habitation. Il est nécessaire d'opérer préalablement le nettoyage du tuyau où vient s'attacher le conducteur de retour, et même prendre plusieurs points de contact différents, car il peut arriver que le contact ne soit pas parfait en un endroit ou l'autre en raison de la présence sur le métal, de mastic de gazier.

Il est donc prudent d'assurer la solidité des prises de terre par des soudures et de se servir de fil d'assez fort diamètre recouvert d'une épaisse couche de gutta sans guipage de coton par dessus. De cette façon, une ligne téléphonique peut être considérée comme constituant le conducteur d'un paratonnerre genre Melsens, et un réseau à ligne aérienne peut fournir à la foudre un écoulement facile au cas où une décharge viendrait à frapper la ligne ou l'habitation contenant les appareils.

CHAPITRE IV

Emplois divers de l'électricité dans la vie domestique.

LES ASCENSEURS

Dans la plupart des immeubles de rapport des grandes villes, de même que dans nombre d'habitations particulières comportant plusieurs étages, on tend à faire usage, de plus en plus, d'élévateurs mécaniques permettant de hisser sans la moindre fatigue les personnes habitant la maison ou leurs visiteurs. On donne à ces machines le nom d'ascenseur, celui de *monte-charges* étant réservé à des appareils analogues mais destinés au transport vertical des colis et des marchandises de toute espèce.

Le premier système d'ascenseur qui ait été employé avait l'eau pour force motrice. La cabine devant recevoir les personnes à transporter était supportée par la tête d'un piston mobile à l'intérieur d'un cylindre de fonte déposé à l'intérieur d'un puits creusé dans le sol. L'eau sous pression était introduite sous ce piston qu'elle chassait à bout de course en produisant l'ascension de la cabine, et, à la descente l'eau contenue dans le cylindre était chassée à l'égout.

Mais l'eau sous pression est coûteuse dans les grandes villes, et on s'est ingénié à en réduire la dépense : d'abord en équilibrant le poids mort de la cabine et du piston au moyen de contrepoids ou par l'adjonction d'un *compensateur*, puis en utilisant toujours le même volume d'eau qu'une pompe, commandée mécaniquement, remontait après usage dans un réservoir disposé dans les combles. Un moment, on utilisa, pour les maisons situées à proximité de la conduite de distribution, l'air comprimé pour refouler l'eau et la remonter au niveau supérieur, mais, avec l'extension des secteurs d'électricité, tous ces systèmes d'ascenseurs se trouvèrent concurrencés par l'ascenseur purement électrique. Les appareils hydrauliques existants furent modifiés pour se prêter à l'emploi de l'énergie électrique, quelle que fût la forme ou la tension du courant dont on disposait, et on ne rencontre plus aujourd'hui que deux classes d'ascenseurs, ceux à *puits* et ceux *sans puits*, tous deux électriques.

Ascenseurs à puits. — Ce système est caractérisé par la présence d'une presse hydraulique avec son piston supportant la cabine ; l'eau est mise sous pression au moyen de pompes centrifuges commandées par un moteur électrique. C'est donc, en réalité un ascenseur hydraulique ou mieux hydro-électrique, et avec lequel on a pleine sécurité, puisque la cabine repose sur la tête d'un piston qui s'élève et redescend progressivement. Le poids mort représenté par la partie mobile est équilibré par contrepoids ou par compensateur, et le travail demandé au moteur correspond rigoureusement au travail utile résultant de l'élévation verticale des personnes.

Ascenseurs sans puits. — Ce genre d'ascenseurs diffère radicalement du précédent ; il est beaucoup plus simple et son installation est moins coûteuse ; ce n'est en réalité qu'une espèce de monte-charges pour les personnes, et la sécurité repose surtout sur la solidité du câble, auquel la cabine est suspendue. Ce câble, en fils d'acier tressés, s'enroule sur le tambour d'un treuil disposé dans le sous-sol ou dans la cave, treuil commandé par un moteur électrique.

Commande d'un ascenseur. — Un ascenseur hydraulique est pourvu d'un robinet à trois voies admettant l'eau sous pression dans le cylindre ou donnant issue à cette eau dans les égoûts. Les divers mouvements de ce distributeur sont opérés depuis la cabine à l'aide d'une corde tendue sur toute la hauteur de la cage où se meut la cabine, et à laquelle on imprime un mouvement vertical de haut en bas ou de bas en haut. La commande peut s'exécuter de même avec un ascenseur électrique, mais la manœuvre par boutons-poussoirs tend à se substituer à la corde à tirage. Une boîte munie d'un certain nombre de boutons surmontés chacun d'une étiquette indiquant leur correspondance, est fixée sur l'un des panneaux internes de la cabine. Il suffit de pousser le bouton correspondant à l'étage où l'on désire se rendre, pour qu'arrivé à cet étage, le mouvement vertical s'arrête. Chaque porte palière étant également munie d'un bouton électrique fonctionnant lorsque l'ascenseur est au repos au rez-de-chaussée, en appuyant sur ce bouton, on peut faire monter la cabine à l'étage où l'on se trouve ou la renvoyer une fois que l'on vient d'y arriver. Enfin, par la présence d'un mécanisme particulier assurant la solidité des organes, et d'où résulte la sécurité, il n'est pas possible d'ouvrir l'une ou l'autre des portes palières pendant que la cabine est en mouvement, et de même il n'est pas possible de mettre l'ascenseur en route si l'une de ces portes est demeurée ouverte par oubli ou négligence. Si, pendant la marche, l'une de ces portes vient à être ouverte pour une cause quelconque, la cabine s'arrête immédiatement à l'endroit où elle se trouve à ce moment.

Ces diverses manœuvres : démarrage, montée, arrêt,

descente ou montée avec arrêt à chaque étage sont opérées par les mouvements d'un servo-moteur agissant sur le moteur commandant le treuil, en introduisant ou retirant des résistances dans le circuit de ce moteur et déterminant son mouvement dans un sens ou dans l'autre, suivant que la cabine monte, s'arrête ou redescend. L'agencement et les combinaisons sont assez compliqués lorsqu'on utilise pour l'alimentation du moteur électrique, des courants alternatifs ; cependant on est arrivé à surmonter les difficultés de tout ordre qui se présentent pour une semblable application, et de nombreux ascenseurs électriques fonctionnent dans les quartiers où les secteurs ne fournissent que des courants alternatifs simples ou polyphasés.

Comme il faut toujours prévoir la rupture possible, bien qu'en fait elle soit extrêmement rare, du câble auquel la cabine est suspendue, on a imaginé divers dispositifs de parachutes automatiques ayant pour but d'empêcher la descente brutale de l'appareil jusqu'au bas de sa course, dans le cas d'une subite rupture du lien d'attache. C'est ordinairement une mâchoire métallique, qui, à l'état normal, glisse librement le long des colonnes-guides de la cage de l'ascenseur. Un mécanisme variable, à fonctionnement automatique, force ces mâchoires à serrer fortement les colonnes au cas où la traction du câble viendrait à faire brusquement défaut.

La question d'un bon ascenseur est assez complexe, car il faut assurer à cet appareil, dont la manœuvre est confiée le plus souvent à des personnes inexpérimentées, une marche régulière sans aucun danger, et avec des dispositifs automatiques capables de suppléer à l'ignorance de ses conducteurs improvisés. C'est pourquoi, les changements à apporter au régime du moteur doivent être effectués sans que la personne ayant pris place dans la cabine ait à intervenir, et ce résultat est obtenu par le jeu d'un régulateur centrifuge agissant sur le servo-moteur.

En cas de dérangement subit de ce mécanisme assez délicat, et dont la combinaison varie suivant le genre de courant employé, le propriétaire d'un ascenseur n'a d'autre ressource que de prévenir le constructeur, car il serait à craindre de détériorer une pièce, au lieu de la rétablir dans son état primitif.

LE CHAUFFAGE ÉLECTRIQUE

L'effet Joule. — La théorie mécanique de la chaleur nous apprend que la quantité de mouvement qui disparaît dans un tuyau d'eau par suite du frottement, se transforme en chaleur, de sorte que le tube et l'eau qui s'écoule s'échauffent en raison de la résistance opposée par le tuyau et la vitesse de l'écoulement résultant de la pression, de la hauteur de la colonne d'eau. De même, un courant électrique qui parcourt un conducteur échauffe le fil, et l'échauffement produit dépend de la résistance spécifique du fil et de la quantité d'électricité qui passe. L'intensité du frottement, et par suite celle de la chaleur qui en résulte, est proportionnelle au carré de la vitesse. Pareillement, dans un circuit électrique, la dépense de force et de travail mécanique nécessaire pour maintenir un courant dans le circuit est proportionnelle au carré de l'intensité de ce courant, c'est-à-dire de sa puissance. La loi de cette action calorifique a été formulée par le physicien Joule, qui l'a énoncée comme suit : « La quantité de chaleur dégagée dans l'unité de temps par le passage d'un courant dans un conducteur, est proportionnelle à la résistance de ce

Fig. 81. Fig. 82. Fig. 83.

Fig. 84.

Fig. 85.

Fig. 86. Fig. 87.

Fig. 88. Fig. 89. Fig. 90.

Appareils de chauffage électrique de Richard Heller. — Fig. 81. Gril. — 82. Marmite. — 83. Récipient à eau chaude. — 84. Bassinoire. — 85. Théière. — 86. Cuit-œufs. — 87. Couvercle. — 88. Chauffe-plat. — 89. Fer à repasser. — 90. Cafetière.

conducteur et au carré de l'intensité. » Le *joule* constitue donc l'unité de travail. C'est la quantité d'énergie dissipée sous forme de chaleur dans un circuit par 1 coulomb sous une différence de potentiel de 1 volt ; c'est le quotient de 1 kilogramme par 9,81, chiffre représentant l'unité d'accélération.

La chaleur par l'électricité. — Rien ne paraît donc plus facile que d'obtenir de la chaleur à l'aide de l'électricité et de transformer en radiations caloriques un courant circulant dans un fil, mais, en dehors de l'application qui en est réalisée pour l'éclairage par lampes à incandescence, on a relativement fait peu d'usage de cette propriété, souvent en raison du prix élevé de l'énergie consommée. Cependant on est parvenu, au cours de ces dernières années, à éviter le gaspillage et les appareils proposés présentent un rendement économique satisfaisant.

En principe, le chauffage par le courant est réalisé en faisant circuler ce courant dans des fils présentant une très grande résistance à sa propagation et enfermés dans des tubes ou des plaques radiantes. Dans le système Parvillée, les plaques chauffantes sont des résistances métallo-céramiques pouvant être portées sans inconvénient à une très haute température.

Appareils de cuisine et de chauffage domestique. — Il existe deux catégories d'appareils de chauffage électrique : ceux destinés particulièrement à élever la température de l'air à l'intérieur des pièces de l'habitation, et les appareils plus spécialement employés pour la cuisson des mets et les divers usages domestiques. La forme généralement donnée aux générateurs calorifiques ou radiateurs pour appartements est celle de calorifères, contenant dans leur intérieur les résistances qui s'échauffent fortement en raison de l'effet Joule et donnent un rayonnement dont on peut régler à volonté l'intensité. Pour la cuisson des aliments, les fourneaux électriques comportent plusieurs foyers distincts ayant chacun un rôle particulier, et constitués par des groupes de plaques chauffantes qui peuvent être portées sans inconvénient au rouge vif et supporter une température allant jusqu'à 1,200 degrés. La chaleur non utilisée par rayonnement direct, sert à chauffer des plaques intermédiaires sur lesquelles s'achève la cuisson commencée sur les grands foyers. Un fourneau comporte donc au moins un gril à feu vif, un four et un réservoir à eau chaude.

La facilité que l'on a avec l'électricité, d'obtenir de la chaleur instantanément et de la supprimer aussitôt qu'elle devient inutile, permet de réaliser des économies impossibles avec les autres systèmes de chauffage qui exigent toujours une période d'allumage plus ou moins longue ; il peut même arriver que la combustion est en pleine activité et se poursuit inutilement alors que l'on n'a plus que faire de la chaleur. De plus, il ne se produit aucune fumée, et il ne se dégage aucun produit nocif comme avec les autres sources de calorique obtenues par un phénomène de combustion. Il n'y a donc plus de tableaux noircis, plus de rideaux ou de tentures fanés en une saison, de décorations défraîchies en peu de temps, et surtout plus d'émanations toxiques, dangereuses pour la santé. A son instantanéité d'action, l'électricité joint une absolue innocuité, aussi devant un aussi grand nombre d'avantages, et grâce aux nouveaux appareils perfectionnés à grand rendement, et il est à penser que les installations de chauffage électrique ne tarderont pas à se multiplier, à mesure que les appareils seront mieux connus, et surtout que leur prix s'abaissera, ainsi que celui du courant les alimentant. Il est si commode de n'avoir pas à s'occuper de son feu, ni de réserver un emplacement à la provision de combustible pour l'hiver. Dans les grands centres, les loyers sont chers et la place se trouve strictement mesurée pour chaque chose. C'est donc un avantage et, de plus, on est à l'abri de tout risque d'incendie ou d'asphyxie par les gaz de la combustion.

Evidemment, le prix élevé auquel est tarifiée l'énergie électrique dans beaucoup de grandes villes, retardera encore quelque temps le développement de cette application, mais déjà, avec les résistances métallo-céramiques Parvillée et du courant à 0 fr. 50 le kilowatt, le prix de revient de la chaleur obtenue n'a rien de prohibitif pour la cuisine, et la preuve en a été donnée dès l'année 1900, à l'Exposition Universelle, où le restaurant la *Feria* avait adopté ce système pour la préparation journalière de 500 repas et des accessoires : café, thé, chocolat, grogs, eau chaude pour la vaisselle, etc.

On trouve aujourd'hui dans le commerce des appareils de chauffage électrique pour toutes applications : chaufferettes pour les pieds, chauffe-plats, bouilloires, samovars, chauffe-assiettes, chauffe-linge, chauffe-fers et fers à repasser, à friser, à souder, bains-marie pour colle forte, marmites, casseroles, théières, réchauds, etc. Ces récipients ou appareils se relient par un cordon souple à un bouchon à broches à n'importe quelle prise de courant, et ils fournissent instantanément la chaleur demandée.

Une idée originale est celle qui a été réalisée récemment par M. Herrgott, ingénieur au Valdoie, avec ses tissus *thermophiles* composés d'une matière textile possédant une âme formée d'un fil résistant, servant de conducteur au courant. Il est donc possible d'élever la température de ce fil, et par conséquent d'avoir des tissus chauffants : couvertures, couvre-pieds, etc., ou tricotés, tels que gants, manches, genouillères, jambières, etc., très utiles pour nombre d'applications médicales. On peut encore préparer avec ces tissus des filtres pour matières grasses et sirupeuses, des toiles sans fin pour papeteries, des satineurs, des apprêteurs, des rouleaux sécheurs de toute espèce. Les thermophiles électriques Herrgott ont été présentés à l'Académie des Sciences par M. le professeur d'Aronval et ils constituent une application des plus intéressantes, et dont l'avenir est certain.

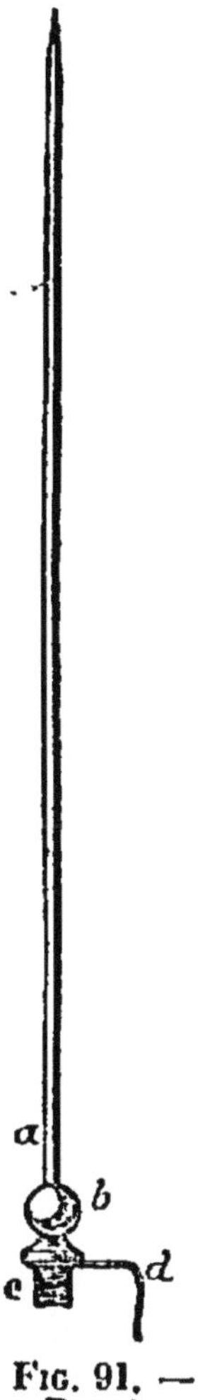

LES PARATONNERRES

Il existe deux classes de paratonnerres nettement tranchées : le paratonnerre à longue tige unique, et le paratonnerre à pointes multiples, ces derniers étant les plus efficaces.

L'installation des paratonnerres à longue tige est toute différente de l'autre. Il est nécessaire, en effet, que la tige et son prolongement, la barre qui la relie au sol, soit isolée avec soin des parties métalliques de l'édifice que l'appareil doit préserver de la foudre. Dans l'autre système, au contraire, les pointes doivent être reliées à toutes ces parties : conduites d'eau, tuyaux de descente des eaux ménagères, etc., et amenées au sol.

Fig. 91. — Paratonnerre de Franklin

Fig. 92. — Paratonnerre à pointes multiples.

Cet agencement correspond aux indications de l'Académie des Sciences, qui a dit : « Dans tout milieu enveloppé d'un circuit métallique fermé, il ne peut exister d'électricité libre. L'électricité atmosphérique de haute tension se porte exclusivement à la surface extérieure des corps conducteurs. Ceux-ci sont constitués spécialement par des surfaces métalliques, l'eau et les surfaces mouillées.

« De nombreux exemples prouvent que, dans certains orages, des tiges de paratonnerre n'ont pas pro-

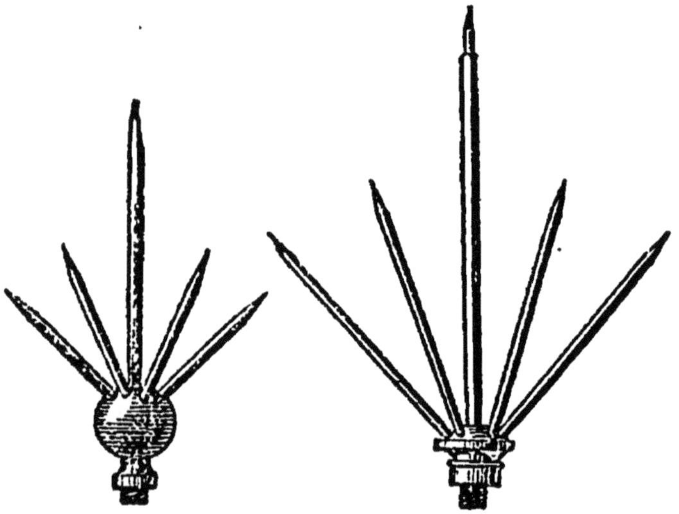

Fig. 93 et 94. — Paratonnerres à pointes multiples.

tégé un espace d'un rayon égal à leur propre hauteur, et que l'action préventive des pointes effilées en platine permettant de décharger un nuage orageux sans décharge disrupteur, est si souvent réduite à rien, qu'il n'y a pas lieu d'y compter. »

Ainsi donc, en supprimant les grandes tiges difficiles à mettre en place et à isoler, on se débarrasse de nombreux sujets d'inquiétude relativement au fonctionnement ultérieur du parafoudre qui doit être mis en communication permanente avec un courant d'eau ne tarissant jamais. S'il n'était pas possible, a dit la Commission de l'Académie, d'atteindre la nappe d'eau intarissable, ou de se relier à une grosse conduite d'eau, il faudrait renoncer à installer un paratonnerre à tige unique, qui serait alors plus dangereux qu'utile, ainsi que l'expérience l'a maintes fois prouvé.

D'après du Moncel, le conducteur d'un paratonnerre doit être disposé de façon à présenter la plus grande surface possible, tout en ayant une masse suffisante pour résister aux effets calorifiques des décharges. Sans recommander ni rejeter les conducteurs formés de fils métalliques enroulés en câble, la commission a établi que chacun des fils composant ce câble doit mesurer *moins* d'un millimètre de diamètre. Tous les échantillons de conducteurs foudroyés mesurant un millimètre portaient des traces de fusion et plusieurs avaient même été complètement brûlés, ce qui montrait une insuffisance de masse. Le rôle de la surface, dans ces conditions, est de faciliter l'écoulement des décharges.

Dans un rapport présenté par le physicien anglais Lodge au comité de l'étude des effets de la foudre, ce savant a rappelé que ces phénomènes commencent à être un peu mieux connus qu'autrefois, alors que la self-induction n'entrait pas en ligne de compte et que l'on admettait que l'électricité atmosphérique devait toujours suivre le chemin le plus court des nuages au sol.

Une dissipation soudaine d'énergie telle qu'une décharge disruptive est forcément violente, et on admet qu'il est aussi peu rationnel de protéger un bâtiment de la foudre par un conducteur d'une parfaite conductibilité que d'arrêter instantanément une voiture ou un train, car un tel conducteur, s'il était frappé, se comporterait d'une manière si instantanée que le résultat serait équivalent à une explosion. Il faut donc que les conducteurs de paratonnerre présentent une résistance suffisante pour dissiper l'énergie lentement et par conséquent d'une manière sûre et efficace, et même lorsque ces conditions, se trouvent réalisées, la décharge est d'une violence extrême. Aussi est-il essentiel que la voie que doit suivre la foudre soit aussi courte que possible, faute de quoi, l'électricité tendra à quitter le conducteur pour suivre un autre chemin.

Le physicien Lodge pense donc que la seule manière certaine de protéger une construction est de l'entourer entièrement de métal, ou plus simplement d'une cage

Fig. 95. — Bâtiment muni de paratonnerres Melsens.

de fils de fer descendant verticalement par les parties saillantes de l'édifice. C'est, non plus la théorie de Franklin sur le paratonnerre, mais celle préconisée par le savant belge Melsens.

L'effet des pointes et de la pluie de dissiper une charge électrique est reconnu depuis longtemps, mais ces pointes sont inefficaces lorsque l'énergie est accumulée entre les nuages et non entre les nuages et le sol, car il peut cependant jaillir des éclairs secondaires après la décharge des nuages entre eux. D'autre part, il faut tenir compte de l'effet de l'inertie électrique, qui donne lieu à des manifestations d'un caractère tout particulier,et notamment à des décharges latérales. Les exemples enregistrés montrent que lorsque ces conditions ne sont pas observées, les paratonnerres peuvent être plus dangereux qu'utiles.

Parmi les considérations récemment émises, il a été

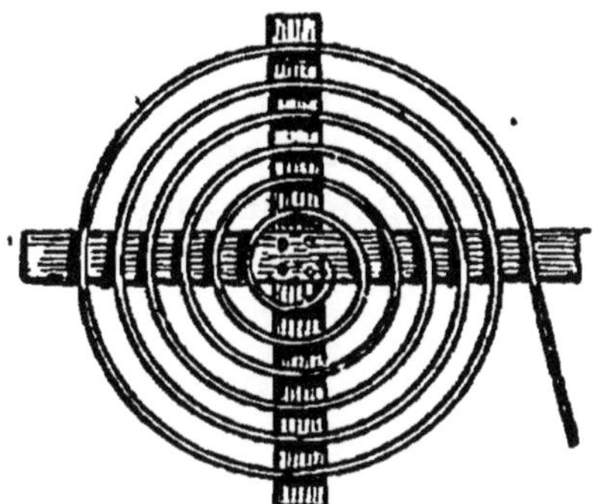

Fig. 96. — Perd-fluide.

reconnu qu'il n'était nullement indispensable de faire platiner ou dorer les pointes des conducteurs, et qu'il était préférable, au lieu d'une tige unique très haute, d'avoir au moins trois tiges divergentes autour d'une tige centrale. En ce qui concerne le mode de fixation, il est recommandé que les tiges soient à quelque distance des murs, au lieu de leur être fixées par des crampons. Pour les cheminées d'usines, deux tiges sont nécessaires, et il y a avantage à avoir un ruban autour de la tête de la cheminée, avec des tiges recourbées en arc de cercle et bifurquées ou trifurquées à leur extrémité. S'il y a beaucoup d'ornements en fer sur le faîte du bâtiment, une seule tige n'est pas suffisante, mais chaque extrémité de la toiture doit être reliée à la terre par une tige. Tous les joints doivent être bien entretenus, aussi bien mécaniquement qu'électriquement et doivent être protégés contre les effets nuisibles de l'oxydation.

En ce qui concerne les églises, il convient de relier aux paratonnerres les cloches et les horloges. Dans les conexions avec la terre, il n'est pas à conseiller d'employer des cendres ou du coke concassé par suite des effets chimiques ou électrolytiques amenant l'oxydation du fer ou du cuivre ; il vaut mieux employer le charbon de cornue en petits fragments, tels que les débris de charbon pour piles ou pour lampes à arc. Ajoutons que, pour éviter des décharges latérales, il convient de relier

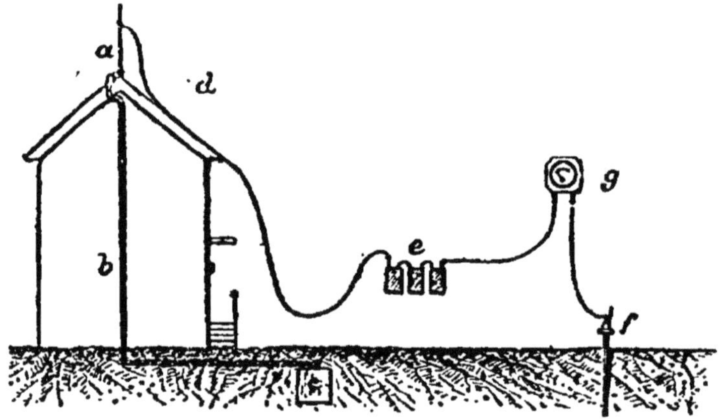

Fig. 97. — Essai des paratonnerres.

à la cage métallique entourant le bâtiment à préserver de la foudre, les masses métalliques intérieures.

Il est bon de vérifier de temps à autre, une fois tous les ans par exemple, l'état de conservation des conducteurs. Un examen visuel ne saurait suffire ; il faut faire un essai de la conductibilité à l'aide d'un galvanomètre et de deux ou trois éléments Leclanché (piles sèches), associés en tension. Le fil positif de la pile est attaché à l'une des bornes du galvanomètre, dont l'autre borne est en relations par un second fil avec le câble du paratonnerre. Avec le fil négatif de la pile, on touche une partie métallique quelconque du bâtiment ; si l'on constate alors une dérivation de l'aiguille de l'appareil, l'installation doit être rectifiée, car c'est une preuve que le conducteur du paratonnerre n'est pas isolé de l'édifice qu'il est destiné à protéger.

Il n'en est pas de même avec les paratonnerres à pointes multiples basés sur les théories de Melsens et de Lodge, car l'aiguille du galvanomètre doit dévier à chaque contact du fil fermant le circuit de la pile sur l'appareil à travers les conduites métalliques. C'est en effet la preuve de la parfaite solidarité qui doit exister entre les tiges du paratonnerre et les bâtiments, pour que la sécurité se trouve pleinement assurée.

DANGERS DE L'ÉLECTRICITÉ

L'incendie. — L'argument que l'on entend fréquemment invoquer contre l'emploi exclusif de l'électricité pour tous les besoins de la vie usuelle, est le danger que présentent les canalisations amenant le courant, et dont le contact accidentel peut foudroyer ou déterminer des incendies. Ce sont là des craintes exagérées, car le contact avec des fils traversés par des courants de basse tension, à 110 ou 220 volts, comme ceux distribués par la plupart des secteurs de distribution, est absolument sans danger, et au pis aller on est quitte pour une légère commotion simplement désagréable. Seul, le rapport avec des câbles transportant des courants d'intensité considérable et de tension élevée est dangereux, mais ces câbles ne pénètrent pas à l'intérieur des maisons d'habitation, et les dangers qu'ils présentent sont nuls pour les personnes habitant ces bâtiments. En fait, les victimes d'électrocution sont presque toujours les ouvriers chargés de la surveillance des machines à l'usine génératrice, ou de l'entretien et de la réparation des lignes et conducteurs de transport, et qui omettent les précautions qu'il est indispensable de prendre lorsqu'on s'approche de fils parcourus par des courants de tension dépassant 500 à 600 volts.

En ce qui concerne l'incendie, le danger est plus réel, même avec des courants de basse tension et de faible intensité alimentant des groupes de 2 à 10 lampes, car un court-circuit est susceptible de se produire entre deux fils voisins en raison de l'échauffement anormal du métal traversé momentanément par un courant d'intensité exagérée par rapport à la section. L'isolant recouvrant le conducteur peut fondre et même s'enflammer, communiquer le feu aux moulures de sapin dissimulant les canalisations intérieures, et de là aux boiseries et aux tentures de l'appartement. Toutefois, il est juste de reconnaître que l'électricité présente beaucoup moins de chances d'incendie que tout autre procédé d'éclairage et de chauffage, et les statistiques dressées dans différents pays où les distributions d'énergie sont très répandues (Suisse, Allemagne, Angleterre, Etats-Unis), démontrent à l'évidence que c'est l'électricité qui fournit la plus grande sécurité et détermine le moins de sinistres.

Lorsqu'il se produit sur une canalisation intérieure à bas voltage, un court-circuit capable de déterminer des étincelles, c'est que les plombs fusibles des coupe-circuits n'étaient pas en bon état. On pourra cependant, dans la plupart des cas arrêter immédiatement le dommage avant qu'il n'ait pris de trop grandes proportions, en coupant l'arrivée du courant soit dans le circuit atteint soit dans le circuit principal. Si les fils de la canalisation viennent à s'enflammer soit par court-circuit, soit par excès subit d'intensité du courant, (ce qui peut provenir de l'usine), ou bien par contact des fils entre eux ou avec un objet métallique interposé, il faut également couper le courant en premier lieu, et ensuite étouffer le feu sur la partie atteinte qui est toujours assez restreinte. Lorsqu'il n'y a plus de flamme, on achève l'extinction par refroidissement au moyen de chiffons mouillés.

Lorsque l'incendie ne résulte pas d'une malfaçon dans l'installation électrique ou d'un accident à l'usine génératrice, le feu ne se déclarera que si l'on a mis imprudemment à portée des conducteurs électriques des tentures ou des matières inflammables, et alors, dans ce cas, la faute sera imputable au tapisier et non à l'électricien ayant exécuté la pose des fils et appareils.

En résumé, l'incendie dû aux canalisations d'éclairage électrique est possible, mais ses débuts sont peu graves dans les maisons et appartements, et l'interruption du courant en rend le « premier secours » très aisé dans la plupart des cas. De toute façon, lorsqu'un accident de ce genre survient, il faut avant toute chose, couper le courant dans la dérivation où le court-circuit a pris naissance, et ne jeter de l'eau ou appliquer des chiffons mouillés qu'après avoir pris cette précaution fondamentale. De même, on ne tentera la réparation du circuit détérioré qu'après l'avoir séparé du reste de la canalisation en manœuvrant l'interrupteur commandant le passage de l'électricité dans le branchement atteint.

En observant les diverses précautions qui viennent d'être énoncées, les chances d'incendie par le courant seront réduites au minimum, et si, malgré tout, un accident survient, il n'aura aucune gravité et n'entraînera aucune conséquence sérieuse.

FIN

IMPRIMERIE DE CHOISY-LE-ROI

www.ingramcontent.com/pod-product-compliance
Ingram Content Group UK Ltd.
Pitfield, Milton Keynes, MK11 3LW, UK
UKHW020316230726
13925UKWH00002B/458